APPLICATION

DE LA

POMME DE TERRE

A L'ALIMENTATION DU BÉTAIL

PRODUCTION DE LA VIANDE

PAR

AIMÉ GIRARD

MEMBRE DE L'INSTITUT.

(Extrait des *Annales de la Science agronomique française et étrangère*)

Tome I, 1895.

NANCY

IMPRIMERIE BERGER-LEVRAULT ET Cie

18, rue des Glacis, 18

1895

APPLICATION

DE LA POMME DE TERRE

A L'ALIMENTATION DU BÉTAIL

NANCY, IMPRIMERIE BERGER-LEVRAULT ET Cie

APPLICATION

DE LA

POMME DE TERRE

A L'ALIMENTATION DU BÉTAIL

PRODUCTION DE LA VIANDE

PAR

AIMÉ GIRARD

MEMBRE DE L'INSTITUT

(Extrait des *Annales de la Science agronomique française et étrangère*)

Tome I, 1895.

NANCY

IMPRIMERIE BERGER-LEVRAULT ET Cie

18, rue des Glacis, 18

1895

APPLICATION
DE LA POMME DE TERRE
A L'ALIMENTATION DU BÉTAIL

PRODUCTION DE LA VIANDE

PREMIER MÉMOIRE

INTRODUCTION

C'est, en maintes contrées, une coutume ancienne que de faire intervenir accidentellement, et dans une mesure limitée, la pomme de terre à l'alimentation des animaux.

Il y a bien longtemps que Mathieu de Dombasle a, pour la première fois, recommandé l'emploi de ce fourrage et signalé les bons effets qu'en éprouvent les chevaux, les bœufs et les moutons.

L'usage s'en est continué depuis, et pour ne parler que de la France, en laissant de côté l'emploi général qu'on en fait pour la nourriture des porcs, on voit, dans nos départements de l'Est, la pomme de terre figurer dans la ration d'hiver des bœufs et des chevaux toutes les fois que le prix n'en est pas élevé.

L'hiver dernier particulièrement, en présence de la disette des fourrages, les cultivateurs les plus expérimentés de cette région, MM. Paul Genay, Gazin, etc., ont, dans plusieurs séances du comice agricole de Lunéville, appelé l'attention sur les services qu'on en peut attendre.

Il en est de même en certaines parties de la Bourgogne ; dans la Bresse notamment, dans l'Autunois, dans le Morvan, dans le Lyonnais, on voit des cultivateurs et surtout des métayers joindre à la ration de foin des bœufs qu'ils engraissent jusqu'à 12 et 15 kilogr. de pommes de terre par jour.

D'autres exemples et nombreux pourraient être cités à côté de ceux que je viens de rappeler.

Mais si l'emploi de la pomme de terre à l'alimentation du bétail est, en France, plus répandu qu'on ne le pense en général, il faut se hâter d'ajouter que bien rarement jusqu'ici cet emploi a été raisonné ; en général, c'est à l'aventure que les rations ont été composées et l'effet n'en a jamais été mesuré avec précision. Les animaux nourris à la pomme de terre s'entretiennent et même engraissent, on le sait ; mais, ce qu'on ne sait guère, c'est la mesure et surtout le prix de revient de cet entretien et de cet engraissement.

Deux expérimentateurs seulement se sont jusqu'ici en France, à ma connaissance du moins, préoccupés d'apporter dans la question des données précises : l'un est M. Gaston Cormouls-Houlès, de Mazamet (Tarn) ; l'autre est M. Pluchet, de Roye (Somme).

Pendant l'hiver de 1892-1893, M. Cormouls-Houlès a mis en observation 28 génisses limousines du poids de 300 à 350 kilogr., divisées en sept lots de quatre bêtes chacun.

Aux trois premiers lots, il n'a donné comme nourriture que du foin ensilé à doses croissantes ; pour les quatre autres, il a remplacé une partie du foin ensilé par des quantités de pommes de terre cuites qu'il a fait varier de 8 à 16 kilogr. par tête ; et, dans ces conditions, il a vu les bêtes nourries au foin augmenter au maximum de $0^{kg},550$ de poids vif par jour, tandis que l'augmentation journalière de celles nourries au foin et à la pomme de terre s'élevait jusqu'à 1^{kg},050.

Dans ces conditions, M. Cormouls-Houlès a pu se compter à lui-même la pomme de terre qu'il avait récoltée au prix de 3 fr. 50 c. et même, en un cas, de 4 fr. 40 c. les 100 kilogr.

C'est au cours de la même saison qu'avaient lieu à Roye (Somme) les expériences de M. Pluchet. Du 13 janvier au 4 avril 1893, pendant 84 jours, douze bœufs de travail, mis à l'engrais, ont été par lui assortis, aussi bien que possible, en deux lots ; à la ration normale de 80 kilogr. de pulpe de sucrerie, on ajoutait, pour le premier de ces lots, 3 kilogr. de tourteaux d'œillette ; pour le second, 9 kilogr. de pommes de terre cuites. Pour le premier de ces lots, l'augmentation du poids vif a été, par jour, de 0^{kg},702 ; pour le second, de 0^{kg},650. La différence est insignifiante, et M. Pluchet en a conclu, avec raison, que, pour l'engraissement de ses bœufs, 9 kilogr. de pomme de terre équivalaient à 3 kilogr. de tourteaux ; d'où résultait pour la pomme de terre récoltée sur son exploitation une valeur de 5 fr. 50 c. les 100 kilogr.

Les résultats que je viens de rappeler sont importants ; ils font pressentir l'étendue des ressources que l'agriculture doit trouver dans l'emploi de la pomme de terre à l'alimentation du bétail.

Cependant, pour établir aux yeux des cultivateurs la valeur de ce fourrage, les faits connus jusqu'ici ne sauraient suffire ; pour porter la conviction dans leur esprit, pour les guider dans son emploi, il faut davantage et ce devient alors chose nécessaire que de soumettre la question à un examen nouveau, essentiellement méthodique, et permettant de traduire par des chiffres précis les résultats obtenus.

Déjà en Allemagne, où l'emploi de la pomme de terre à l'alimentation du bétail est fréquent, des études de ce genre ont été entreprises.

Les unes, dirigées au point de vue physiologique, comme celles de MM. Haubner et Lehmann, ont eu surtout pour but d'établir l'équivalent alimentaire de la pomme de terre ; les autres, dirigées au point de vue agricole, par MM. E. Wolf, Wilkens et surtout par

M. Julius Kühn, ont eu pour but d'étudier sur les animaux de rente les effets dus à l'alimentation par la pomme de terre.

Parmi ces études, la plus intéressante, à coup sûr, est celle que l'on doit à M. Kühn : elle l'a conduit à cette conclusion que la betterave constitue, au point de vue économique, un fourrage plus avantageux que la pomme de terre. Mais il faut se hâter d'ajouter qu'exacte peut-être au moment où M. Kühn écrivait, cette conclusion ne l'est plus aujourd'hui. C'est, en effet, sur la comparaison entre des récoltes de 52 000 kilogr. de betteraves et de 16 000 kilogr. de pommes de terre à l'hectare qu'elle reposait.

Or, la situation respective des cultures fournissant l'une et l'autre récolte est bien changée aujourd'hui. Si les récoltes de 52 000 kilogr. de betterave à l'hectare se rencontrent encore, c'est sur des récoltes non plus de 16 000 kilogr., mais de 25 000 kilogr. en terre pauvre, de 32 000 kilogr. en terre fertile que l'agriculture est aujourd'hui autorisée à compter pour la pomme de terre. Ces récoltes d'ailleurs, lorsqu'elle sait choisir ses variétés, c'est de tubercules bien plus riches qu'autrefois en matières alimentaires qu'elle les voit composées.

En face d'une situation si différente et si pleine de promesses, il était permis de prévoir qu'une expérimentation nouvelle conduirait à des conclusions tout autres que celles posées par M. Julius Kühn il y a près de trente ans, et c'est l'espoir précisément d'arriver à des conclusions de cette sorte, conclusions qui, en face de la culture perfectionnée de la pomme de terre, amèneraient l'immense clientèle du bétail français, qui m'a déterminé à entreprendre ces *Recherches sur l'application de la pomme de terre à l'alimentation du bétail.*

C'est sur les animaux de l'espèce bovine et de l'espèce ovine qu'il m'a semblé important surtout de faire porter ces recherches.

Ainsi limitée, l'entreprise cependant était trop vaste encore pour que je pusse prétendre à la suivre tout entière. J'ai pensé qu'il y aurait avantage, pour la science agricole, à ce qu'elle fût divisée ; dans cette pensée, j'ai fait appel, pour qu'il en prît sa part, à M. Cornevin, professeur à l'École vétérinaire de Lyon, dont la compétence dans les questions d'alimentation du bétail est depuis longtemps établie par de nombreux travaux.

Répondant à cet appel, M. Cornevin a bien voulu se charger d'étudier à Lyon, et suivant ses inspirations propres, l'influence de l'alimentation à la pomme de terre sur les vaches laitières et sur la production du lait, tandis que, de mon côté, je m'appliquerais à préciser l'influence de cette alimentation sur la production de la viande.

C'est à la ferme de la Faisanderie, annexée à l'Institut agronomique, à Joinville-le-Pont, que, pendant l'hiver de 1893-1894, j'ai poursuivi, sur bœufs et moutons, les recherches, relatives à cette question, dont je vais exposer les résultats. M. Lachouille, régisseur de la ferme, a bien voulu, au cours de cette étude, me prêter un concours dévoué dont je le remercie vivement.

Exposé de la question. — Méthode expérimentale suivie.

L'intérêt que présente l'augmentation de la production de la viande dans notre pays n'a pas besoin d'être démontré.

La consommation des viandes de toutes sortes est loin, en effet, d'être suffisamment élevée en France. Depuis quelques années, il est vrai, elle a légèrement augmenté ; mais, malgré tout, elle n'atteint pas encore 30 kilogr. par tête et par an, alors qu'en Angleterre elle est de 78 kilogr. C'est à de plus hauts chiffres encore qu'elle peut s'élever. A Paris, par exemple, elle n'est pas moindre de 90 kilogr. et l'on ne peut s'empêcher de considérer ces grandes consommations comme un des éléments qui permettent à la population des villes de résister aux mauvaises conditions hygiéniques au milieu desquelles elles sont obligées de vivre.

C'est en développant sur notre sol l'élevage et l'engraissement des animaux de l'espèce bovine et de l'espèce ovine que nous devons nous efforcer d'accroître cette consommation ; mais cet accroissement, nous le trouvons aussitôt sous la dépendance absolue de l'abondance plus ou moins grande des aliments que l'agriculture peut fournir au bétail.

Produire des fourrages herbacés est souvent chose bien difficile pour le cultivateur; produire la pomme de terre riche et à grand rendement est, au contraire, chose facile pour lui, quelle que soit la qualité du terrain qu'il exploite.

De telle sorte que si, dans la pomme de terre, l'expérience nous autorisait à reconnaître un fourrage normal, avantageux au point de vue économique, produisant en pratique des résultats comparables à ceux des fourrages herbacés, nous serions aussitôt conduits à voir dans l'association de ce fourrage nouveau aux fourrages ordinaires, le moyen d'augmenter dans une large mesure la production en viande de notre pays.

Or, c'est à attribuer, au point de vue de la production de la viande, des qualités toutes remarquables et non précisées jusqu'ici, à la pomme de terre fourragère, que mes expériences m'ont conduit, et de suite pour marquer l'importance des résultats constatés, je résumerai en quelques lignes les conclusions qu'il est permis d'en tirer.

Il ne faut pas s'y méprendre d'ailleurs ; ce n'est pas seulement comme une ressource précieuse dans les cas de disette fourragère que la pomme de terre doit être considérée, c'est surtout comme un fourrage normal, supérieur à la betterave et fournissant économiquement, en temps ordinaire, des effets remarquables au point de vue de la production de la viande.

Considérant, en effet, d'abord les animaux de la race bovine, j'ai reconnu que, par l'emploi bien pondéré, dans l'alimentation des bœufs, de la pomme de terre riche associée aux fourrages secs (foin de pré, foin de luzerne, etc.), on réalise des augmentations de poids vif de 1 kilogr. à 2 kilogr. par tête et par jour, que le rendement en viande nette s'élève de 53 à 59, et même, dans quelques cas, à 60 et 61 p. 100, que la viande enfin est d'une finesse et d'une sapidité de premier ordre, si bien qu'il est permis de dire que bientôt le commerce des viandes distinguera les *bœufs de pomme de terre*, comme il distingue aujourd'hui les *bœufs d'herbe*.

Il en est de même pour les animaux de la race ovine. Soumis au régime de la pomme de terre associée aux fourrages secs, les moutons produisent chaque jour jusqu'à $0^{kg},130$ de poids vif; leur rendement en viande nette s'élève de 40 à 50 et même 51 p. 100, et les qualités de cette viande la placent au premier rang.

Telles sont, en quelques mots, les conclusions auxquelles m'a conduit l'étude que je viens de faire, au point de vue de la production de la viande, de l'application de la pomme de terre à l'alimentation du bétail.

Ces conclusions cependant seraient vaines si, me contentant des résultats qui viennent d'être indiqués, je laissais de côté la question économique et si je ne me préoccupais pas du prix auquel ces résultats ont été obtenus.

L'établissement d'un prix de revient, à la suite d'opérations au cours desquelles des essais variés doivent nécessairement intervenir, est difficile; j'essayerai cependant de présenter la comptabilité de ces opérations; mais, préoccupé à l'avance de la difficulté que j'y devais rencontrer, j'ai pensé que, pour établir la valeur économique de la pomme de terre, j'aurais avantage à me placer à un point de vue différent; au lieu de chercher à établir par des chiffres absolus la dépense due à l'introduction de la pomme de terre fourragère dans la ration, il m'a semblé que j'obtiendrais un résultat plus pratique en mettant celle-ci en comparaison avec un fourrage d'un usage répandu, avec la betterave.

La valeur en argent, comme aussi la valeur alimentaire de cette racine, sont bien connues de tous les cultivateurs. De telle sorte qu'en introduisant parallèlement, dans la ration d'animaux de même nature et aussi bien assortis que possible au point de vue de leurs aptitudes digestives, des poids déterminés, d'un côté de betteraves, d'un autre de pommes de terre, ayant la même valeur en argent et considérés d'ailleurs, d'après les idées généralement reçues, comme s'équivalant au point de vue nutritif, il est devenu possible de déduire des résultats comparatifs fournis par l'une et l'autre alimentation, la valeur fourragère de la pomme de terre.

Deux modes différents se présentaient alors pour l'emploi de ce fourrage, et, aux animaux que j'allais soumettre au régime nouveau, je pouvais donner la pomme de terre soit à l'état cuit, soit à l'état cru.

C'est à l'emploi de la pomme de terre cuite que je me suis arrêté.

Cette détermination a été prise en suite de l'opinion, généralement admise par les cultivateurs qui ont accidentellement fait usage de la pomme de terre pour l'alimentation de leur bétail, que la pomme de terre cuite fournit des résultats bien supérieurs à ceux que fournit la pomme de terre crue.

Les résultats obtenus par M. Cornevin dans ses recherches sur l'application de la pomme de terre cuite et crue à l'alimentation des vaches laitières viennent de corroborer cette opinion et de montrer que j'avais eu raison d'agir ainsi.

Pour les moutons cependant, j'aurai à citer un essai d'alimentation par la pomme de terre crue qui montre cette alimentation, tout en restant inférieure à l'alimentation par la pomme de terre cuite, aboutissant cependant à des résultats intéressants.

A la pomme de terre cuite d'ailleurs, et dès le début de ces essais, j'ai considéré qu'il était nécessaire d'associer un fourrage herbacé. C'est ainsi qu'ont opéré tous les cultivateurs qui jusqu'ici ont fait concourir la pomme de terre à l'alimentation de leurs animaux, et c'était, d'autre part, chose à prévoir qu'une matière aussi plastique que la pomme de terre cuite se comporterait mal à la rumination si elle était employée seule.

Pour rendre cette rumination facile, j'ai additionné la pomme de terre cuite de menue paille, et, à chaque repas, en outre, fait intervenir une proportion déterminée de foin de luzerne.

C'est dans les mêmes conditions d'ailleurs que j'ai offert aux animaux qui devaient constituer mes témoins, la betterave dont je me proposais de mettre la valeur alimentaire en comparaison avec la valeur alimentaire de la pomme de terre ; toujours à cette racine, préalablement divisée en cossettes, j'ai ajouté de la menue paille et toujours également j'ai, à chaque repas de betteraves, fait succéder une ration de foin égale à celle que recevaient les animaux nourris à la pomme de terre.

En opérant de la manière que je viens d'indiquer, la comparaison entre les deux fourrages mis en parallèle devenait facile.

Récoltées, en effet, toutes deux à la ferme de la Faisanderie, la betterave d'un côté (*ovoïde des Barres*), la pomme de terre d'un autre (*Richter's Imperator*), se présentaient avec une composition offrant dans l'un et l'autre cas un rapport des plus simples.

A la pomme de terre *Richter's Imperator*, l'analyse avait attribué la composition suivante :

Eau		74.60
Fécule	17.10	
Matières azotées	2.66	25.40
Ligneux, etc	4.39	
Matières minérales	1.25	
Total		100.00

A la betterave *ovoïde des Barres* l'analyse avait, d'autre part, assigné la composition suivante :

Eau		87.99
Glucose	1.34	
Saccharose	5.06	
Matières azotées	1.30	12.99
Ligneux, etc	3.10	
Matières minérales	1.19	
Total		99.98

D'où il résulte que le poids de matières sèches contenues dans 100 parties de betteraves fourragères était sensiblement égal à la moitié du poids des matières sèches contenues dans 100 parties de pommes de terre fourragères également.

Ce qui revient à dire qu'au point de vue du poids des matières considérées comme alimentaires contenues dans l'un et dans l'autre fourrage, 50 kilogr. de pommes de terre équivalaient à 100 kilogr. de betteraves.

Le rapport au point de vue du prix était du reste sensiblement le même ; la betterave fourragère, en effet, doit être comptée en année normale [1], dans les pays d'élevage, à 1 fr. 80 c. les 100 kilogr. et c'est déjà, pour la pomme de terre, un prix rémunérateur que celui de 3 fr. 20 c. le quintal, ce qui fait ressortir les 25 kilogr. de

1. Dans toute cette étude, bien entendu, je laisserai de côté les prix anormaux créés pour les fourrages par la grande sécheresse de 1893.

matière sèche à 3 fr. 60 c. dans la betterave, à 3 fr. 25 c. dans la pomme de terre riche.

Quant au prix du foin de luzerne, de la menue paille, de la litière, c'est plus tard seulement, lorsque je chercherai à évaluer en argent les résultats constatés, que je les indiquerai.

. . . . . .

Les animaux sur lesquels ont porté les expériences que j'ai entreprises au point de vue de la production de la viande ont été, d'un côté, des bœufs, d'un autre, des moutons.

Un des grands éleveurs de la Nièvre et l'un des plus habiles, M. Maringe, membre du Conseil supérieur de l'agriculture, a bien voulu me confier neuf grands bœufs de race charolaise, variant en poids de 711 à 872 kilogr., et représentant au total un poids vif de 7036 kilogr.

Ces bœufs sortaient du pré et étaient aptes à prendre toute nourriture.

L'état de ces bœufs a été vérifié à l'arrivée et leur âge déterminé, avec une complaisance dont je ne saurais trop le remercier, par M. Trasbot, directeur de l'École vétérinaire d'Alfort.

Tous étaient en parfaite santé : l'un n'était âgé que de quatre ans, deux avaient six ans, les six autres comptaient cinq ans.

D'autre part, trente-trois moutons ont été extraits du troupeau de Joinville et choisis par le régisseur de la ferme, M. Lachouille, de façon à les assortir aussi exactement que possible. Ces moutons étaient âgés, les uns de deux ans, les autres de trois ans ; ils pesaient ensemble 4182 kilogr.

C'est à l'aide de ces éléments, en les mettant en comparaison les uns avec les autres pendant trois mois et demi, que je suis arrivé à reconnaître les grands services que la pomme de terre cuite peut rendre à l'alimentation du bétail, et notamment la supériorité que son emploi présente, à ce point de vue, sur l'emploi de la betterave.

EXPÉRIENCES SUR L'ALIMENTATION DES BŒUFS

Composition des rations.

Pour résoudre la question de l'alimentation comparative des bœufs par la betterave et par la pomme de terre, j'ai réparti les neuf bœufs en trois lots égaux de trois bêtes chacun.

Reçus de Champlin (Nièvre), à la ferme de la Faisanderie, le 16 novembre 1893, fatigués par un long voyage en chemin de fer, ces animaux ont été d'abord laissés en repos pendant quelques jours ; par des essais partiels, je me suis ensuite assuré de l'accueil qu'ils feraient aux rations de betteraves ou de pommes de terre additionnées de foin qui leur étaient destinées, et enfin je les ai mis en expérience le 28 novembre 1893.

Préalablement, ces bœufs avaient été assortis du mieux possible, suivant leur poids, suivant leurs aptitudes digestives, en trois lots de poids presque égal ; chacun de ces bœufs était d'ailleurs venu de la Nièvre numéroté à l'avance.

Les trois lots se sont trouvés alors constitués de la manière suivante :

1er lot	Bœuf n° 1 pesant	872kg,0
	— n° 7 pesant	787 ,8
	— n° 6 pesant	728 ,1
	Total	2 387kg,9
2e lot	Bœuf n° 9 pesant	711kg,0
	— n° 8 pesant	739 ,0
	— n° 2 pesant	866 ,0
	Total	2 316kg,0
3e lot	Bœuf n° 4 pesant	778kg,8
	— n° 3 pesant	847 ,5
	— n° 5 pesant	737 ,0
	Total	2 362kg,5

Le premier de ces lots (nos 1, 7, 6) était destiné à servir de terme de comparaison ; il devait recevoir une ration normale de betteraves et de foin.

Le deuxième lot (nos 8, 9, 2) devait recevoir une ration normale de pomme de terre et de foin, c'est-à-dire une ration équivalente à la ration du premier lot, au point de vue de la valeur en argent et du poids de matière sèche considérée comme alimentaire.

Le troisième lot, afin de pressentir le résultat que pourrait donner à l'engraissement l'introduction dans la ration d'un excès de pommes de terre, devait, outre le foin, recevoir une quantité de pommes de terre supérieure de moitié à celle distribuée au lot n° 2.

Ainsi qu'il a été précédemment indiqué, c'est après l'avoir cuite à la vapeur que la pomme de terre a figuré dans toutes les rations. Le bétail dont je disposais n'était pas assez nombreux, en effet, pour me permettre d'envisager tous les cas possibles, et notamment le cas où la pomme de terre aurait été donnée crue.

Pour opérer la cuisson des tubercules, j'ai, à la ferme de la Faisanderie, fait usage d'un excellent appareil que M. Egrot avait bien voulu mettre à notre disposition. Cet appareil, qui, économiquement, aboutit à une cuisson parfaite[1], se compose essentiellement d'une marmite chauffée à feu nu, pouvant contenir aisément 150 kilogr. de pommes de terre, munie d'un faux-fond au-dessous duquel on loge quelques litres d'eau, pour, au-dessus, jeter en vrac les tubercules, que l'on recouvre d'un linge d'abord, puis d'un couvercle hermétique. L'appareil est, d'autre part, mobile sur des tourillons, de telle sorte qu'une fois la cuisson achevée, il suffit de renverser la marmite en avant pour voir la masse de pommes de terre bien cuite, bien éclatée, mais encore solide, s'échapper dans le baquet où elle doit être recueillie.

Aussitôt cuite, la pomme de terre était mélangée à la proportion de menue paille que j'indiquerai tout à l'heure, légèrement écrasée à la pelle, sans cependant aller jusqu'à la réduction en pâte, et le mélange, enfin, abandonné jusqu'au lendemain.

1. La quantité de charbon consommé n'a pas dépassé 20 kilogr. par jour, pour trois cuissons de 120 à 130 kilogr. chacune.

Au moment de la distribution, ce mélange était encore tiède et possédait, par suite d'une légère fermentation, une odeur et une saveur qui le rendaient particulièrement appétent pour les animaux.

Dans la composition des rations, je me suis attaché à donner aux animaux, en betteraves ou en pommes de terre d'un côté, en foin d'un autre, une quantité sensiblement égale de matière sèche.

C'est ainsi que, pendant les premières semaines, et pour éviter tout trouble digestif chez des animaux non encore habitués à cette alimentation, la ration n'a été pour le premier lot que de 35 kilogr. de betteraves et de 5 kilogr. de foin, représentant l'une et l'autre 4 kilogr. de matière sèche environ ; qu'ensuite, la ration de betteraves ayant été portée à 50 kilogr. par tête et par jour, la ration de foin a été élevée à 7^{kg},500 ; que, de même, la ration de pommes de terre étant, pour le deuxième lot, au début, de 20 kilogr. associés à 5 kilogr. de foin, la ration de ce fourrage a été portée à 7^{kg},500 lorsque la ration de pommes de terre a été élevée à 25 kilogr.

A chaque ration, d'ailleurs, était ajoutée une quantité de sel égale à 30 gr. par tête et par jour.

La distribution des rations avait lieu trois fois par jour : à 6 heures du matin, à 11 heures et à 4 heures de l'après-midi ; à chaque distribution, le service était le même : le mélange de betteraves ou de pommes de terre avec la menue paille était d'abord placé dans la crèche, en face de chaque bête, bien isolée de sa voisine, puis, aussitôt le mélange consommé (et la consommation était rapide), la ration de foin lui succédait.

Rien n'était plus intéressant alors que de voir l'habileté avec laquelle les animaux nourris à la pomme de terre savaient dégager de la menue paille qui les enrobait les tubercules à moitié écrasés pour les consommer en nature, et n'attaquer la menue paille et les débris qui s'y trouvaient mélangés que quand leur premier appétit était satisfait.

La préférence accordée par eux à la pomme de terre était véritablement surprenante ; et, à la fin de mes expériences, alors que, déjà gras, ils avaient un moindre appétit, on les voyait laisser presque toujours une certaine quantité de foin, sans jamais laisser le plus petit fragment de pomme de terre.

Au cours de ces expériences, d'ailleurs, il m'a été donné d'observer des faits singulièrement curieux, au point de vue du discernement des animaux en ce qui regarde la richesse et la qualité alimentaire des tubercules qui leur étaient offerts.

Dans ces conditions, les expériences sur les bœufs se sont prolongées du 28 novembre au 10 mars, c'est-à-dire pendant 102 jours; de ce chiffre cependant, il conviendra, pour les motifs qui seront expliqués plus loin, de retrancher 21 jours consacrés à des essais qui ont abouti à des diminutions de poids, ce qui réduit la durée totale des expériences normales à 81 jours.

Cette durée, je l'ai divisée en deux périodes, la première allant du 28 novembre au 27 janvier, et que l'on peut considérer comme une période d'entretien, et la seconde allant du 10 février au 10 mars, et qui constitue une véritable période d'engraissement.

Période d'entretien.

Ces préliminaires posés, je donnerai d'abord, dans les tableaux suivants, les résultats numériques constatés chaque semaine, à la bascule, pendant la première période, en indiquant en même temps la composition des rations dont l'emploi a précédé chacune de ces pesées.

TABLEAUX.

Bœufs.

1er Lot. — Nourri à la betterave et au foin (ration normale).

DATES.	BOEUF N° 1.			BOEUF N° 7.			BOEUF N° 6.			LOT ENTIER.		
	POIDS.	GAIN ou perte.	GAIN total.	POIDS.	GAIN ou perte.	GAIN total.	POIDS.	GAIN ou perte.	GAIN total.	POIDS.	GAIN ou perte.	GAIN total.
	kilogr.	kilogr.	kilogr.	kilogr.	kilogr.	kilogr.	kilogr.	kilogr.	kilogr.	kilogr.	kilogr.	kilogr.
28 novembre 1893.	872,0	»	»	787,8	»	»	728,1	»	»	2 387,0	»	»
La ration est composée de 35 kilogr. betteraves + 5 kilogr. menue paille + 5 kilogr. foin + 30 gr. de sel.												
5 décembre.	894,0	+ 22,0	»	805,2	+ 17,4	»	730,3	+ 2,2	»	2 429,5	+ 41,6	»
12 décembre.	900,0	+ 6,0	28,0	811,5	+ 6,3	23,7	738,0	+ 7,7	9,9	2 449,5	+ 20,0	61,6
La ration est portée à 50 kilogr. betteraves + 5 kilogr. menue paille + 5 kilogr. foin + 30 gr. de sel.												
19 décembre.	916,0	+ 16,0	44,0	821,5	+ 10,0	33,7	750,5	+ 12,5	22,4	2 488,0	+ 38,5	100,1
30 décembre.	909,5	— 6,5	37,5	817,0	— 4,5	29,2	752,0	+ 1,5	23,9	2 478,5	— 9,5	90,6
La ration, à cause de la diminution de poids constatée pendant la semaine du 19 au 30 décembre, et pour rétablir l'équilibre entre la betterave et le foin, est portée à 50 kilogr. de betteraves et 7kg,500 de foin.												
6 janvier 1894.	. . . . Le grand froid a fait supprimer la pesée.											
13 janvier (2 semaines) . . .	919,5	+ 10,0	47,5	847,0	+ 30,0	59,2	772,5	+ 20,5	44,4	2 539,0	+ 60,5	151,1
20 janvier.	920,5	+ 1,0	48,5	864,5	+ 17,5	76,7	770,5	— 2,0	42,4	2 555,5	+ 16,5	167,6
27 janvier.	925,0	+ 4,5	53,0	866,0	+ 1,5	78,2	778,0	+ 7,6	50,0	2 569,0	+ 18,6	186,2

2ᵉ Lot. — Nourri à la pomme de terre et au foin (ration normale).

DATES.	BOEUF N° 9.			BOEUF N° 8.			BOEUF N° 2.			LOT ENTIER.		
	POIDS.	GAIN ou perte.	GAIN total.	POIDS.	GAIN ou perte.	GAIN total.	POIDS.	GAIN ou perte.	GAIN total.	POIDS.	GAIN ou perte.	GAIN total.
	kilogr.	kilogr.	kilogr.	kilogr.	kilogr.	kilogr.	kilogr.	kilogr.	kilogr.	kilogr.	kilogr.	kilogr.
28 novembre 1893	711,0	»	»	739,0	»	»	866,0	»	»	2 316,0	»	»
La ration est composée de 20 kilogr. pommes de terre Richter's Imperator à 17.1 p. 100 + 5 kilogr. menue paille + 5 kilogr. foin + 30 gr. de sel.												
5 décembre	735,7	+ 24,7	»	715,8	+ 12,8	»	897,0	+ 31,0	»	2 384,5	+ 68,5	»
12 décembre	736,7	+ 1,0	25,7	754,3	+ 2,5	15,3	916,5	+ 19,5	50,5	2 407,5	+ 23,0	91,5
La ration est portée à 25 kilogr. de pommes de terre Richter's Imperator à 17.1 p. 100 + 5 kilogr. menue paille + 5 kilogr. foin + 30 gr. de sel.												
19 décembre	742,5	+ 5,8	31,5	766,0	+ 11,7	27,0	926,0	+ 9,5	60,0	2 434,5	+ 27,0	118,5
La ration est portée à 25 kilogr. pommes de terre à 17.1 p. 100 + 5 kilogr. menue paille + 7ᵏᵍ,500 foin + 30 gr. de sel.												
30 décembre	751,0	+ 8,5	40,0	778,5	+ 12,5	39,5	927,0	+ 1,0	61,0	2 456,5	+ 22,0	140,5
6 janvier 1894	Le grand froid a fait supprimer la pesée											
13 janvier (2 semaines)	758,5	+ 7,5	47,5	787,5	+ 9,0	48,5	950,0	+ 23,0	84,0	2 946,0	+ 39,5	180,0
La ration reste la même, mais les 25 kilogr. de Richter's Imperator à 17.1 p. 100 sont remplacés par 25 kilogr. Charolaise à 13 p. 100.												
20 janvier	762,0	+ 3,5	51,0	783,0	— 4,5	44,0	950,0	néant.	84,0	2 495,0	— 1,0	179,0
La ration reste la même, mais aux 25 kilogr. Charolaise à 13 p. 100 on substitue 30 kilogr. Red Skinned à 14.7 p. 100.												
27 janvier	780,0	+ 18,0	69,0	813,5	+ 20,5	64,5	971,0	+ 21,0	105,0	2 564,5	+ 59,5	238,5

3e Lot. — Nourri à la pomme de terre et au foin (ration au-dessus de la normale).

DATES.	BOEUF N° 4.			BOEUF N° 3.			BOEUF N° 5.			LOT ENTIER.		
	POIDS.	GAIN ou perte.	GAIN total.	POIDS.	GAIN ou perte.	GAIN total.	POIDS.	GAIN ou perte.	GAIN total.	POIDS.	GAIN ou perte.	GAIN total.
	kilogr.	kilogr.	kilogr.	kilogr.	kilogr.	kilogr.	kilogr.	kilogr.	kilogr.	kilogr.	kilogr.	kilogr.
28 novembre 1893	778,0	»	»	847,5	»	»	737,0	»	»	2 632,5	»	»
La ration est composée de 30 kilogr. pommes de terre Richter's Imperator à 17.1 p. 100 + 5 kilogr. menue paille + 5 kilogr. foin + 30 gr. de sel.												
5 décembre	793,5	+ 15,5	»	869,2	+ 22,1	»	772,0	+ 35,0	»	2 435,1	+ 72,6	»
12 décembre	795,5	+ 2,0	17,5	876,0	+ 6,4	28,5	785,5	+ 13,5	48,5	2 457,0	+ 21,9	94,5
La ration est portée à 25 kilogr. pommes de terre Richter's Imperator à 17.1 p. 100 + 5 kilogr. menue paille + 5 kilogr. foin + 30 gr. de sel.												
29 décembre	825,5	+ 30,0	47,5	888,0	+ 12,0	40,5	791,0	+ 5,5	54,0	2 504,5	+ 47,5	142,0
La ration est portée à 25 kilogr. pommes de terre Richter's Imperator à 17.1 p. 100 + 5 kilogr. menue paille + 7^{kg},500 foin + 30 gr. de sel.												
30 décembre	825,0	— 0,5	47,0	898,0	+ 10,0	50,5	802,0	+ 11,0	65,0	2 525,0	+ 20,5	162,5
La ration est portée à 30 kilogr. pommes de terre Richter's Imperator à 17.1 p. 100 + 5 kilogr. menue paille + 7^{kg},500 foin + 30 gr. de sel.												
6 janvier 1894	Le grand froid a fait supprimer la pesée											
13 janvier (2 semaines)	854,5	+ 29,5	76,5	915,0	+ 17,0	67,5	827,0	+ 25,0	90,0	2 596,5	+ 71,5	234,0
La ration reste la même, mais les 30 kilogr. pommes de terre Richter's à 17.1 p. 100 sont remplacés par 30 kilogr. Charolaise à 13 p. 100.												
20 janvier	850,0	— 4,5	72,0	916,0	+ 1,0	68,5	822,6	— 4,5	85,5	2 588,5	— 8,0	226,0
La ration reste la même, mais aux 30 kilogr. de Charolaise on substitue 34 kilogr. de Red Skinned à 14.7 p. 100.												
27 janvier	884,0	+ 34,0	106,0	914,5	— 1,5	67,0	839,5	+ 17,0	102,5	2 638,0	+ 50,5	276,5

Les résultats fournis par cette première période, que j'avais considérée d'abord comme une période d'entretien, mais qui, en réalité, a constitué une période de demi-engraissement, sont de nature à frapper l'attention.

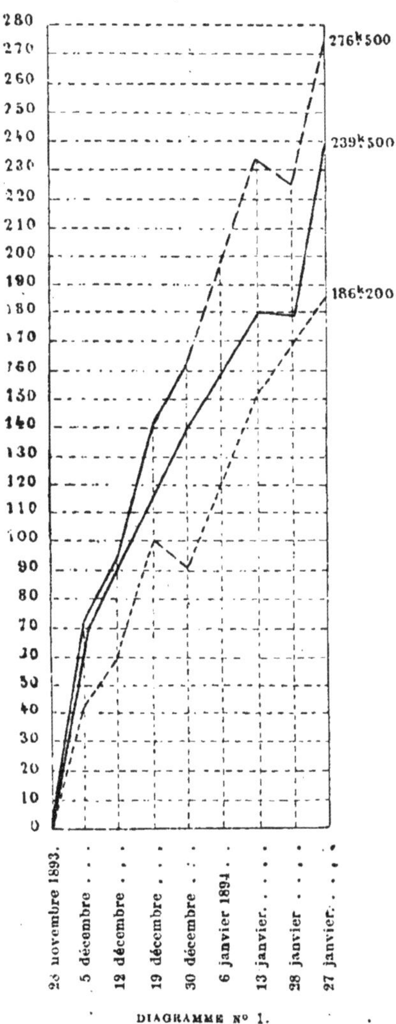

DIAGRAMME N° 1.

Si, en effet, on laisse pour un instant de côté les cas particuliers, sur lesquels il sera utile de revenir tout à l'heure, on voit en résumé :

Que les trois bœufs du premier lot, recevant une ration normale de betteraves et de foin, ont, en 61 jours, produit 186^{kg},200 de poids vif, soit 61^{kg},060 par tête, soit enfin 1 kilogr. par jour ;

Que les trois bœufs du deuxième lot, recevant une ration normale de pommes de terre et de foin, ont, en 61 jours, produit 239^{kg},500 de poids vif, soit 79^{kg},830 par tête, soit enfin 1^{kg},308 par tête et par jour ;

Que les trois bœufs du troisième lot, enfin, recevant pendant le premier mois une ration normale de pommes de terre et de foin, ration dans laquelle, pour le deuxième mois, la proportion de pommes de terre a été augmentée d'un cinquième, ont, en 61 jours, produit 276^{kg},500 de poids vif, soit 92^{kg},160 par tête, soit enfin 1^{kg},520 par tête et par jour.

Ces résultats, le diagramme ci-contre les indique avec netteté ; les temps séparant une pesée de la suivante y sont comptés sur la ligne des abscisses ; la hauteur des ordonnées indique en kilogrammes le gain constaté à chaque pesée. Le lot n° 1, nourri à la betterave, correspond à la ligne pointillée continue ; le lot n° 2, recevant la ration normale de pommes de terre et de foin, correspond à la ligne pleine continue ; le lot n° 3, enfin, recevant la ration supérieure à la normale, correspond à la ligne pleine d'abord, puis pointillée ; sur ce diagramme, on voit le premier et le deuxième lot, recevant, l'un et l'autre, une ration normale, le premier, de betteraves et de foin, le second, de pommes de terre et de foin, atteindre des poids respectifs vifs qui diffèrent de 53kg,300 au bénéfice du second, tandis qu'entre le premier et le troisième lot, parce que celui-ci a reçu une ration plus abondante en pommes de terre, la différence de poids s'élève à 90kg,300, soit 30 kilogr. par tête. Le bénéfice est considérable.

Si, après avoir, comme je viens de le faire, considéré dans leur ensemble les résultats de cette première période, on cherche quelle a été, proportionnellement à leur poids de début, l'augmentation de chaque bête, on trouve que, dans le premier lot, l'augmentation a été :

Pour le n° 1 pesant 872kg,0. . .	de 53kg,0	soit	6.0 p. 100
Pour le n° 7 pesant 787 ,8. . .	78 ,2		10.0 —
Pour le n° 6 pesant 728 ,1. . .	50 ,0		6.8 —
	Soit en moyenne.		7.3 p. 100

Tandis que, dans le deuxième lot, l'augmentation a été :

Pour le n° 9 pesant 711kg,0. . .	de 69kg,0	soit	9.6 p. 100
Pour le n° 8 pesant 734 ,0. . .	44 ,5		8.7 —
Pour le n° 2 pesant 866 ,8. . .	105 ,0		12.1 —
	Soit en moyenne.		10.1 p. 100

C'est à une moyenne très voisine du chiffre précédent que le calcul conduirait pour le troisième lot, si, dans l'établissement de cette moyenne, on faisait intervenir les trois bœufs que ce lot comprenait.

Mais, en cette circonstance, on est en droit de laisser de côté le bœuf n° 3. Vers le milieu de janvier, en effet, celui-ci est tombé malade; il a été atteint de météorisation, et, malgré les soins qui lui ont été donnés, il n'a pu complètement se remettre. Du 13 au 27 janvier, loin de gagner en poids, comme il l'avait fait jusqu'alors, il a légèrement diminué; par prudence, et pour ne pas fausser les résultats, il a fallu, à la fin de cette première période, le sacrifier.

Si, pour cette cause, on se borne à considérer les deux autres bœufs de ce troisième lot, on voit que l'augmentation du poids vif a été :

Pour le n° 4 pesant 778 kilogr. .	de	106kg,0 soit	13.6 p. 100
Pour le n° 5 pesant 737 kilogr. .		102 ,5	13.9 —
		Soit, en moyenne. . . .	13.7 p. 100

Les résultats qui viennent d'être exposés établissent d'une façon saisissante la supériorité de l'alimentation à la pomme de terre sur l'alimentation à la betterave.

Si la ration est normale, c'est, au bénéfice de l'alimentation par la pomme de terre, une différence de 308 gr. dans l'augmentation par tête et par jour du poids vif; c'est, proportionnellement au poids de début des animaux, une supériorité de près de 3 p. 100 dans cette augmentation. Si la ration est du cinquième seulement plus riche en pommes de terre que la normale (30 kilogr. au lieu de 25 kilogr.), le bénéfice par tête et par jour s'élève à 520 gr.; la supériorité de l'augmentation du poids vif, par rapport au poids de début, atteint 6.4 p. 100.

Cependant, et ainsi que je le montrerai bientôt, cette grande augmentation réalisée par l'emploi d'une ration supérieure à la normale, c'est d'un prix trop élevé qu'il faudrait la payer, et c'est, en réalité, à la ration fournie au lot n° 2 (25 kilogr. de pommes de terre et 7kg,500 de foin) qu'appartient l'avantage économique.

Au cours de la période dont les résultats viennent d'être exposés, j'ai eu occasion d'observer quelques faits singulièrement intéressants au sujet de l'influence qu'exerce sur l'accroissement en poids des animaux la qualité des tubercules qui leur sont délivrés.

Depuis la mise en route, c'est-à-dire depuis le 27 novembre 1893 jusqu'au 13 janvier 1894, pendant 46 jours par conséquent, les tubercules introduits dans la ration étaient de la variété *Richter's Imperator* et d'une richesse convenable, quoique inférieure à la richesse ordinaire ; ils titraient 17.1 p. 100 de fécule et contenaient 2.7 p. 100 de matières azotées. Nourris de ces tubercules, les animaux n'avaient cessé d'augmenter en poids pendant ces 46 jours. L'augmentation avait été de 26 kilogr. par semaine pour le deuxième lot, de 34 kilogr. pour le troisième.

Mais, à ce moment, la pomme de terre de la variété *Richter's Imperator* ayant manqué, il a fallu la remplacer par un mélange d'*Idaho* et de *Charolaise* beaucoup plus pauvre, ne titrant que 13 p. 100 de fécule et 1.3 p. 100 seulement de matières azotées. Les chiffres de la ration n'avaient pas été changés (25 kilogr. pour le deuxième lot, 30 kilogr. pour le troisième). L'effet de cette substitution a été désastreux. A la pesée hebdomadaire, le 20 janvier, au lieu d'avoir augmenté de 25 kilogr., le deuxième lot avait diminué de 1 kilogr. ; quant au troisième lot, au lieu d'avoir augmenté de 30 kilogr., il avait diminué de 8 kilogr. ; cette chute est nettement indiquée sur le diagramme n° 1.

En suite de cet accident, bien intéressant d'ailleurs, j'ai, la semaine suivante, du 20 au 27 janvier, substitué au mélange d'*Idaho* et de *Charolaise* une autre variété, la *Red Skinned*, de meilleure qualité, titrant 14.7 p. 100 de fécule et 2.5 p. 100 de matières azotées. En outre, et pour donner à la ration une composition égale aux rations précédentes de *Richter's Imperator*, j'ai porté la quantité de tubercules donnée au deuxième lot à 30 kilogr. au lieu de 25 kilogr., celle donnée au troisième lot à 34 kilogr. au lieu de 30 kilogr. L'effet produit par cette ration a été remarquable, et, dans la semaine, l'augmentation en poids vif, non seulement a repris son cours, mais encore est devenue plus grande qu'elle ne l'avait été jusqu'alors. Pour le deuxième lot, elle a été de 59 kilogr. ; pour le troisième, de 50^{kg},500.

Les deux observations qui précèdent suffisent à établir combien est important le choix qu'il convient de faire parmi les variétés de pommes de terre destinées à l'alimentation des animaux. Pour réussir, l'emploi de tubercules riches en fécule et en matières azotées est indispensable.

Ce serait une erreur cependant que de considérer la composition chimique des tubercules comme intervenant seule à l'accroissement en poids vif du bétail; une autre condition encore joue un rôle considérable au point de vue de cet accroissement : cette condition, c'est le goût même de la pomme de terre. A la fin de la période d'entretien et avant que d'aborder la période d'engraissement par laquelle cette étude devait se terminer, j'ai, pendant une semaine, intercalé une expérience importante. Aux pommes de terre employées jusqu'alors et dont le goût est agréable, j'ai substitué la variété *Géante bleue,* dont l'odeur après cuisson est forte et la saveur un peu amère. Cette variété était, en 1893, parce qu'elle n'avait pu mûrir, d'une grande pauvreté ; elle ne titrait que 13.8 p. 100 de fécule et 1.93 p. 100 de matières azotées.

Pour rendre les rations égales aux rations des semaines qui avaient précédé le 13 janvier, j'y ai fait intervenir un poids plus grand de tubercules, de telle façon que les proportions de fécule fussent les mêmes qu'autrefois ; les proportions des matières azotées étaient même plus considérables qu'elles n'étaient alors. Au deuxième lot, on a donné alors 33 kilogr. au lieu de 25 kilogr. ; au troisième lot, 38 kilogr. au lieu de 30 kilogr. L'effet de cette substitution a été tel que je l'avais prévu. Rebutés par l'odeur et la saveur de ces tubercules nouveaux, les bœufs ne les ont acceptés qu'avec peine ; à chaque repas, ils ont laissé une partie de leur provende, ce qui n'avait jamais eu lieu jusqu'alors, et, dans cette semaine, j'ai vu le deuxième lot diminuer de $34^{kg},500$, le troisième lot de $9^{kg},500$.

Des essais qui précèdent, il résulte nettement que, au point de vue du bénéfice que les bœufs peuvent retirer de l'alimentation à la pomme de terre, il ne suffit pas de leur délivrer une ration renfermant une égale quantité de matière sèche considérée comme nutritive, mais qu'il convient, en outre, de choisir les tubercules de telle façon qu'ils se présentent aux animaux dans des conditions convenables d'appétence et de digestibilité. La suite de cette étude montrera qu'il en est de même pour les moutons.

Période d'engraissement.

Cette période a été courte ; elle n'a duré que cinq semaines, du 3 février au 10 mars ; il eût été d'ailleurs inutile de la prolonger davantage.

Les résultats fournis par la période d'entretien avaient été, en effet, supérieurs à ceux que j'espérais, et les animaux, à demi engraissés déjà, avaient atteint un degré d'avancement tel, qu'en peu de temps ils devaient acquérir l'état que réclame la boucherie.

Aussi, à partir de ce moment, est-ce bien plutôt à les charger en viande nette et en graisse qu'à en augmenter le poids vif que je me suis attaché, et, dans ce but, sans rien changer d'abord aux rations de pommes de terre et de foin précédemment adoptées, j'ai cru devoir me contenter d'additionner les rations d'une petite quantité de tourteau de graines oléagineuses.

C'est le tourteau de coton que j'ai choisi d'abord, mais on sait que ce tourteau, très riche en matière azotée, ne doit être donné qu'avec prudence et en petite quantité; aussi, dès la deuxième semaine, lui ai-je substitué le tourteau de lin.

L'effet de cette substitution a eu tout d'abord un résultat fâcheux : le tourteau de lin est laxatif, et il était à craindre que son emploi ne vînt, pendant quelque temps au moins, entraver l'engraissement; c'est ce qui s'est produit en effet. Pendant la deuxième semaine, les animaux n'ont rien gagné ; quelques-uns ont diminué de poids vif.

Mais cet accident, dont il conviendra de tenir compte au point de vue du résultat final, n'a eu qu'une courte durée, et, dès le commencement de la troisième semaine, les bœufs étaient habitués au nouveau tourteau, et l'augmentation de poids vif reprenait sa marche ascendante.

Elle devait bientôt s'arrêter cependant; les animaux étaient à point, et quoique, le 3 mars, j'aie augmenté la ration de chacun d'eux de 5 kilogr. de pommes de terre, elle devenait insignifiante; dès le 10 mars, c'est-à-dire au bout de cinq semaines, la période d'engraissement pouvait être considérée comme terminée ; quelques jours après, les animaux étaient livrés à la boucherie.

Pendant cette deuxième période, les huit bœufs mis en observation ont été réunis en un lot unique; à chacun des anciens lots cependant, j'ai d'abord conservé la ration de pommes de terre qu'il recevait pendant la période d'entretien, soit 25 kilogr. par tête pour les animaux de l'ancien lot n° 2, 30 kilogr. pour ceux de l'ancien n° 3. Quant aux animaux de l'ancien lot n° 1, et qui jusqu'alors avaient été nourris à la betterave et au foin, j'ai, par prudence, et pendant la première semaine, remplacé la moitié seulement de la betterave à laquelle ils étaient habitués par de la pomme de terre; mais, dès la seconde semaine, ils ont été traités comme les bœufs de l'ancien lot n° 2.

Malgré la réunion des huits bœufs en un lot unique, tous ont été pesés individuellement de semaine en semaine, de façon à pouvoir suivre jusqu'au bout l'aptitude de chacun d'eux à assimiler les rations de pommes de terre qui leur étaient fournies.

Les résultats obtenus dans ces conditions sont indiqués dans le tableau ci-dessous :

DATES.	ANCIEN 1er LOT.			ANCIEN 2e LOT.			ANCIEN 3e LOT.		GAIN TOTAL de la semaine.
	BŒUF n° 1.	BŒUF n° 7.	BŒUF n° 6.	BŒUF n° 9.	BŒUF n° 8.	BŒUF n° 2.	BŒUF n° 4.	BŒUF n° 5.	
	kilogr.	kilogr.	kilogr.	kilogr.	kilogr.	kilogr.	kilogr.	kilogr.	kilogr.
3 février. . .	925	868,5	768,5	780	801,0	949	879	835,0	»
Ration de pommes de terre et de foin accoutumée + 2 kilogr. tourteaux de coton.									
10 février. . .	930	870,0	776,0	794	821,5	972	905	850,0	114,5
Même ration mais substitution des tourteaux de lin aux tourteaux de coton.									
17 février. . .	940	870,0	793,0	794	812,0	972	902	843,5	7,0
24 février. . .	960	880,0	795,0	796	836,0	1,000	922	867,0	129,5
La ration est augmentée de 5 kilogr. de pommes de terre par tête et par jour.									
3 mars . . .	956	892,0	802,0	817	836,0	996	912	861,0	19,0
10 mars . . .	962	892,0	805,0	810	842,0	998	926	870,0	28,0
Gain total par tête.	37	23,5	36,5	30	41,5	49	47	35,0	298,0

L'augmentation de poids vif pendant cette période est peu considérable, non seulement si on l'applique aux cinq semaines que la période comprend, mais même si on en retranche la semaine du 3 au 10 février, pendant laquelle, du fait de la substitution du tourteau de lin au tourteau de coton, un accident s'est produit. Cette augmentation, en effet, n'est alors, pour 8 animaux et 28 jours, soit $8 \times 28 \times 224$ jours d'observation, que de 298 kilogr., soit $1^{kg},330$ par tête et par jour. Le gain journalier réalisé en poids vif est ainsi inférieur à celui de la première période.

Mais si, au lieu de déduire ce gain journalier de l'augmentation du poids vif pendant la période entière, on se borne à considérer les gains partiels correspondant aux semaines du 3 au 10 et du 17 au 24 février, c'est-à-dire aux deux semaines pendant lesquelles les 8 bœufs, aptes à engraisser encore, ont été soumis à une alimentation satisfaisante, on voit que, du 3 au 10 février, l'augmentation de poids vif a été de $114^{kg},500$, soit $2^{kg},035$ par tête et par jour; du 17 au 24 février, de $129^{kg},500$, soit $2^{kg},312$ par tête et par jour.

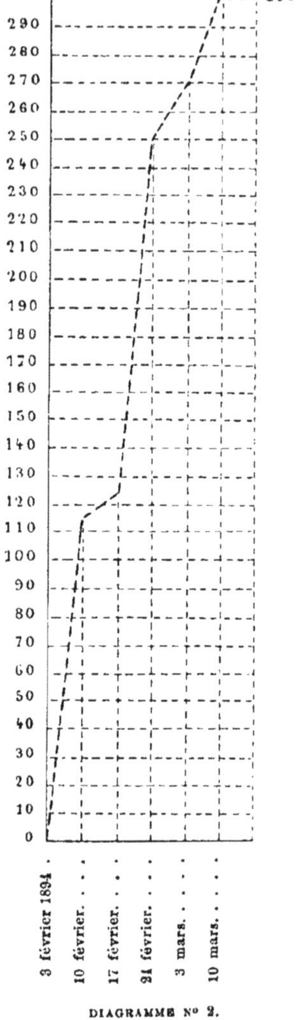

DIAGRAMME N° 2.

C'est ce que montre le diagramme ci-contre, sur lequel les temps sont représentés par les abscisses, les augmentations de poids, en kilogrammes, par les ordonnées, diagramme qui fait voir, en outre, les bœufs bien à point n'augmentant plus que faiblement à partir du 24 février, et ne gagnant plus, malgré l'augmentation de la ration, que 3 à 3kg,500 en moyenne par semaine.

A partir de ce moment, l'effet de l'alimentation à la pomme de terre et au foin devait être considéré comme complet.

Cet effet, il faut maintenant le mesurer dans l'ensemble et pour les deux périodes réunies d'entretien et d'engraissement.

De ces deux périodes cependant, il convient, pour que cette mesure soit équitable, de déduire, pour les lots nourris à la pomme de terre, les trois semaines pendant lesquelles il a été procédé à des essais étrangers à la question générale d'entretien et d'engraissement, c'est-à-dire la semaine pendant laquelle j'ai expérimenté la substitution, à poids égal d'abord (*Charolaise*), à poids équivalent ensuite (*Géante bleue*), de variétés pauvres en matières nutritives à la variété riche (*Richter's Imperator*) employée jusqu'alors ; pour les trois lots enfin, la semaine du 10 au 17 février pendant laquelle la substitution du tourteau de lin au tourteau de coton a commencé, substitution dont la conséquence a été une réduction du poids vif précédemment acquis.

En tenant compte de ces accidents, c'est à 81 jours d'alimentation normale pour les deux lots nourris à la pomme de terre, à 95 jours pour le premier lot nourri d'abord à la betterave, et non plus aux 102 jours écoulés du 27 novembre 1893 au 10 mars 1894 que se rapportent les augmentations de poids vif réalisées par les trois lots mis en expérience.

Ces augmentations sont alors déterminées, pour chaque bœuf, par la différence entre la pesée initiale du 27 novembre et la pesée finale du 10 mars. La comparaison entre ces deux pesées conduit aux résultats suivants :

Bœufs.

1er lot. — Bœufs nourris à la betterave et au foin pendant 67 jours, à la pomme de terre et au foin pendant 28 jours (ration normale).

	PESÉES		AUGMENTATIONS	
	initiale.	finale.	totale.	par jour.
	kilogr.	kilogr.	kilogr.	kilogr.
N° 1.	872,0	962	80,0	0,946
N° 7.	787,8	892	104,2	1,095
N° 6.	728,1	805	18,5	0,826
Moyenne.				0,956

2e lot. — Bœufs nourris à la pomme de terre et au foin (ration normale) pendant toute la durée des observations (81 jours).

	PESÉES		AUGMENTATIONS	
	initiale.	finale.	totale.	par jour.
	kilogr.	kilogr.	kilogr.	kilogr.
N° 9.	711	810	99,0	1,222
N° 8.	739	842	92,5	1,142
N° 2.	866	998	132,0	1,629
Moyenne.				1,331

3e lot. — Bœufs nourris à la pomme de terre et au foin (ration supérieure à la normale) pendant toute la durée des observations (81 jours).

	PESÉES		AUGMENTATIONS	
	initiale.	finale.	totale.	par jour.
	kilogr.	kilogr.	kilogr.	kilogr.
N° 4.	778	926	126	1,555
N° 5.	737	870	140	1,703
Moyenne.				1,629

C'est donc à des résultats plus accusés encore que ceux obtenus pendant la première période qu'aboutit la comparaison finale entre les trois lots.

La supériorité de l'alimentation par la pomme de terre, comparée à l'alimentation par la betterave, s'affirme de la façon la plus nette. C'est par une production supplémentaire de $0^{kg},375$ de poids vif par tête et par jour qu'elle se chiffre lorsque l'un et l'autre fourrage ont été donnés en quantité correspondante à une ration normale (lots n° 1 et n° 2).

C'est donc un fait nettement démontré que, mise pour l'alimentation des bœufs en comparaison avec la betterave, la pomme de terre détermine, à poids égal de matières sèches et pour une même dépense en argent, une augmentation de poids vif plus considérable, augmentation qui, pour peu qu'on enrichisse légèrement la ration en pommes de terre et qu'on l'additionne d'une petite quantité de tourteaux, peut atteindre et même dépasser 2 kilogr. par tête et par jour.

EXPÉRIENCES SUR L'ALIMENTATION DES MOUTONS

Composition des rations.

Ainsi que je l'ai précédemment exposé, c'est en opérant sur 33 bêtes choisies avec soin dans le troupeau de la ferme de la Faisanderie que j'ai cherché à préciser, pour les moutons, la valeur de l'alimentation à la pomme de terre.

Ces 33 bêtes ont été réparties en quatre lots ; chacun des trois premiers comprenait 10 moutons, le dernier n'en comptait que 3.

Comme pour les bœufs, c'est par la mesure comparative des résultats fourmis par l'alimentation à la betterave et de ceux fournis par l'alimentation à la pomme de terre que je me suis proposé de fixer cette valeur. C'est également en associant, comme je l'avais fait pour les grands animaux, la pomme de terre à la menue paille que j'ai cherché à faciliter la rumination de cet aliment, et j'ai dû alors, pour rendre les conditions égales, additionner également de menue paille la betterave découpée en cossettes. A l'un et l'autre aliment d'ailleurs j'ai, dans tous les cas, ajouté une ration de foin apportant en matières sèches un poids à peu près égal au poids des matières sèches apportées par la betterave ou par la pomme de terre.

Des quatre lots formés, le premier, composé de 10 bêtes et destiné à servir de témoin, a été nourri, du 27 novembre au 24 mars, c'est-à-dire pendant 116 jours, à la betterave et au foin. Le poids de ce lot était, au début, de 375 kilogr., soit par tête un poids moyen de 37kg,500.

Le second, composé de 10 bêtes également, a reçu pendant le même temps une ration normale de pommes de terre et de foin. Le poids de ce lot était, au début, de 345kg,100, soit par tête un poids moyen de 34kg,500.

Le troisième, composé de 10 bêtes encore, a reçu d'abord, et pendant 32 jours, une ration identique à la précédente ; ensuite, et pendant 84 jours, une ration dans laquelle la pomme de terre figurait pour une quantité plus forte de moitié. Son poids était, au début, de 351kg,400, soit par tête un poids moyen de 35kg,140.

A ces deux derniers lots (2 et 3), la pomme de terre a été donnée cuite à la vapeur et éclatée, telle qu'il a été indiqué précédemment à propos des rations des bœufs.

A côté de ces trois lots enfin, j'en ai fait figurer un quatrième ne comprenant que 3 têtes, et destiné à la comparaison des effets dus à l'emploi de la pomme de terre cuite et de la pomme de terre crue dans l'alimentation des moutons. Le poids de ce lot était, au début, de 109kg,800, soit par tête un poids moyen de 36kg,600.

Pour les bœufs, je n'avais pas cru devoir entreprendre une comparaison de cette sorte : d'un côté, parce qu'il m'aurait fallu augmenter, au delà de ce que mes ressources permettaient, le nombre de mes animaux ; d'un autre, parce que c'est une opinion généralement répandue et que viennent confirmer les récentes études de M. Cornevin sur les vaches laitières, que l'emploi de la pomme de terre crue introduite en quantité un peu forte dans la ration aboutit généralement, chez les animaux de l'espèce bovine, à une diminution du poids vif.

Mais pour les moutons, la question est, semble-t-il, entière, et il m'a paru intéressant, sinon de la suivre à fond, du moins d'en commencer dès maintenant l'étude.

C'est le 27 novembre 1893 que les trois premiers lots ont été mis au régime ci-dessus indiqué ; c'est quelques jours après seulement, le 12 décembre, que le quatrième est entré en expérience.

Diverses circonstances d'ailleurs ont, au début, apporté un peu de trouble dans la mise en route, si bien que c'est pendant des périodes sensiblement différentes que les divers lots se sont trouvés en comparaison.

Pour obtenir entre les lots n°s 1 et 2 une comparaison parfaite, il eût fallu, dès l'origine, délivrer une ration de betteraves et de pommes de terre équivalente au point de vue du poids des matières sèches et de la valeur en argent. Cette équivalence aurait dû être constituée par 2 parties de betteraves pour 1 partie de pommes de terre, et comme c'est à $0^{kg},500$ de foin et 2 kilogr. de pommes de terre qu'il m'avait paru convenable de fixer la ration normale du n° 2, il eût fallu donner au lot n° 1 4 kilogr. de betteraves par tête et par jour. Mais, au début, j'ai craint qu'il ne fût imprudent de délivrer aux moutons un aussi gros volume de betteraves, et, du 27 novembre au 13 janvier, c'est à 3 kilogr. que je les ai limités ; c'est à partir de cette date seulement que la quantité de betteraves a été portée, sans qu'aucun accident en résultât, à 4 kilogr. par tête et par jour.

C'est donc du 13 janvier au 24 mars seulement que s'étend la période de comparaison pour les lots n°s 1 et 2 recevant chacun une ration normale et équivalente, d'un côté de betteraves, d'un autre de pommes de terre; elle comprend 70 jours.

Il en a été autrement pour la mesure des effets produits par l'introduction, dans la ration, d'une proportion plus grande de pommes de terre. C'est du 27 novembre au 24 mars, en effet, pendant 116 jours par conséquent, que les lots n°s 2 et 3 sont restés parallèlement en observation. Pendant le premier mois, c'est une ration identique comprenant 2 kilogr. de pommes de terre par tête et par jour que ces deux lots ont uniformément reçue; mais à partir du 30 décembre, c'est à 3 kilogr. qu'a été portée la quantité de pommes de terre reçue journellement par chaque mouton du lot n° 3.

Quant au quatrième lot, alimenté à la pomme de terre crue et au foin, c'est le 12 décembre 1893 seulement qu'il a été mis en expérience, en comparaison avec le lot n° 3. La ration délivrée aux moutons de ces deux lots était d'ailleurs identique quant au poids; elle ne différait que par l'état de la pomme de terre donnée cuite aux moutons du lot n° 3, et crue aux moutons du lot n° 4. La comparaison entre les moutons recevant de la pomme de terre crue et ceux recevant de la pomme de terre cuite s'est donc prolongée pendant 100 jours.

La marche suivie pour la constatation des résultats fournis par les divers modes d'alimentation mis en comparaison, a été identique à celle qui avait été suivie pour les bœufs, à cette différence près que la distribution des rations, les pesées, etc., au lieu d'être personnelles à chaque tête de bétail, étaient générales et comprenaient toujours un lot entier.

Comme pour les bœufs d'ailleurs, les betteraves et les pommes de terre, soit cuites, soit crues, étaient divisées à l'aide de menue paille; la ration journalière était répartie en trois repas, comprenant chacun d'abord le tiers du mélange des racines ou des tubercules avec la menue paille, et ensuite le tiers de la ration de foin. Au mélange, chaque jour et par tête, on ajoutait 3 gr. de sel.

Résultats généraux des expériences.

Dans ces conditions, les résultats fournis par chacun des modes d'alimentation mis en expérience ont été les suivants :

Moutons.

1er lot. — 10 moutons nourris à la betterave et au foin.

DATES.	POIDS.	GAIN OU PERTE de la semaine.	GAIN TOTAL.
—	—	—	—
	kilogr.	kilogr.	kilogr.
28 novembre 1893.	375,0	»	»
Ration : 3 kilogr. de betteraves, 0kg,500 de foin, 3 gr. de sel (par tête).			
5 décembre	372,4	— 2,6	»
28 décembre	363,5	— 8,9	— 11,5
Ration : 3 kilogr. de betteraves, 0kg,500 de menue paille, 0kg,750 de foin, 3 gr. de sel (par tête).			
19 décembre	365,5	+ 2,0	— 9,5
30 décembre	375,0	+ 9,5	Néant.
6 janvier 1894.	la pesée a été supprimée à cause du grand froid.		
13 janvier (2 semaines). . .	380,0	+ 5,0	+ 5,0

DATES.	POIDS.	GAIN OU PERTE de la semaine.	GAIN TOTAL.
—	—	—	—
	kilogr.	kilogr.	kilogr.

Ration : 4 kilogr. de betteraves, 0kg,500 de menue paille, 0kg,750 de foin, 3 gr. de sel (par tête).

20 janvier	389,0	+ 9,0	14,0
27 janvier	387,0	— 2,0	12,0
3 février	390,0	+ 3,0	15,0
10 février	392,0	+ 2,0	17,0
17 février	393,5	+ 1,5	18,5
24 février	400,0	+ 6,5	25,0
3 mars	401,5	+ 1,5	26,5
10 mars	406,0	+ 4,5	31,0
17 mars	410,8	+ 4,8	35,8
24 mars	419,4	+ 8,6	44,4

Soit, pour le lot entier, une augmentation de poids vif de 44kg,400, et, par tête, une augmentation de 0kg,444 en 116 jours, ou, si l'on ne considère les résultats qu'à partir du jour où la ration comprenant 4 kilogr. de betteraves est devenue normale, une augmentation, en 70 jours, de 39kg,400 pour le lot et de 0kg,390 par tête, soit 0kg,056 par tête et par jour.

2e lot. — 10 moutons nourris à la pomme de terre et au foin (ration normale).

DATES.	POIDS.	GAIN OU PERTE de la semaine.	GAIN TOTAL.
—	—	—	—
	kilogr.	kilogr.	kilogr.
28 novembre 1893	345,1	»	»

Ration : 2 kilogr. de pommes de terre Richter's Imperator à 17.1 p. 100, 0kg,500 de menue paille, 0kg,500 de foin et 3 gr. de sel (par tête).

5 décembre	355,1	+ 9,6	9,6
12 décembre	363,0	+ 7,9	17,5
19 décembre	361,0	— 2,0	15,5

Ration : 2 kilogr. de pommes de terre Richter's Imperator à 17.1 p. 100, 0kg,500 de menue paille, 0kg,750 de foin et 3 gr. de sel (par tête).

30 décembre	371,5	+ 10,5	26,0
6 janvier 1894	la pesée a été supprimée à cause du grand froid.		
13 janvier (2 semaines)	388,0	+ 16,9	42,9

DATES.	POIDS.	GAIN OU PERTE de la semaine.	GAIN TOTAL.
—	—	—	—
	kilogr.	kilogr.	kilogr.
Ration : même ration avec substitution de pommes de terre Charolaise à 13 p. 100.			
20 janvier........	392,5	+ 4,0	46,9
Ration : 2kg,375 de pommes de terre Red Skinned à 14.7 p. 100, 0kg,500 de menue paille, 0kg,750 de foin et 3 gr. de sel (par tête).			
27 janvier........	410,5	+ 18,0	64,9
Ration : 2kg,375 de pommes de terre Géante bleue à 13.5 p. 100, 0kg,500 de menue paille, 0kg,750 de foin et 3 gr. de sel (par tête).			
3 février........	414,5	+ 4,0	68,9
Ration : 2 kilogr. de pommes de terre Richter's Imperator à 17 p. 100, 0kg,500 de menue paille, 0kg,750 de foin et 3 gr. de sel (par tête).			
10 février........	421,8	+ 7,0	75,9
17 février........	424,0	+ 3,0	78,9
24 février........	431,0	+ 7,0	85,9
3 mars.........	431,0	Néant.	85,9
10 mars.........	440,6	+ 9,6	95,5
17 mars.........	444,4	+ 3,8	99,3
24 mars.........	464,4	+ 20,0	119,3

Soit, pour le lot entier, une augmentation de poids vif de 119kg,300, ou, par tête, de 11kg,930 en 116 jours, soit 0kg,103 par tête et par jour.

3e lot. — 10 moutons nourris à la pomme de terre et au foin (grande ration).

DATES.	POIDS.	GAIN OU PERTE de la semaine.	GAIN TOTAL.
—	—	—	—
	kilogr.	kilogr.	kilogr.
28 novembre 1893.....	351,4	»	»
Ration : 2 kilogr. de pommes de terre Richter's Imperator à 17.1 p. 100, 0kg,500 de menue paille, 0kg,500 de foin et 3 gr. de sel (par tête).			
5 décembre.......	368,4	+ 17,0	17,0
12 décembre.......	376,6	+ 8,2	25,2
19 décembre.......	384,5	+ 7,9	33,1

DATES.	POIDS.	GAIN OU PERTE de la semaine.	GAIN TOTAL.
—	—	—	—
	kilogr.	kilogr.	kilogr.
Ration : 2 kilogr de pommes de terre Richter's Imperator à 17.1 p. 100, 0kg,500 de menue paille, 0kg,750 de foin et 3 gr. de sel (par tête).			
30 décembre	394,5	+ 10,0	43,1
Grande ration : 3 kilogr. de pommes de terre Richter's Imperator à 17.1 p. 100, 0kg,500 de menue paille, 0kg,750 de foin et 3 gr. de sel (par tête).			
6 janvier 1894.	la pesée a été supprimée à cause du grand froid.		
13 janvier	421,5	+ 27,0	70,0
Ration : 3 kilogr. de pommes de terre Charolaise à 13 p. 100, 0kg,500 de menue paille, 0kg,750 de foin et 3 gr. de sel (par tête).			
20 janvier	425,5	+ 4,0	97,5
Ration : 3kg,600 de pommes de terre Red Skinned à 14.7 p. 100, 0kg,500 de menue paille, 0kg,750 de foin et 3 gr. de sel (par tête).			
27 janvier	445,0	+ 19,5	93,5
Ration : 3kg,600 de pommes de terre Géante bleue à 13.5 p. 100, 0kg,500 de menue paille, 0kg,750 de foin et 3 gr. de sel (par tête).			
3 février	449,5	+ 4,0	97,5
Ration : 3 kilogr. de pommes de terre Richter's Imperator à 17 p. 100, 0kg,500 de menue paille, 0kg,750 de foin et 3 gr. de sel (par tête).			
10 février	443,0	— 6,5	91,0
Même ration avec substitution de tourteau de lin au tourteau de coton.			
17 février	456,0	+ 13,0	101,0
24 février	463,8	+ 7,8	111,8
3 mars.	472,5	+ 8,7	120,5
10 mars.	487,8	+ 15,3	135,8
17 mars.	496,5	+ 8,7	144,5
24 mars.	507,2	+ 10,7	155,2

Soit, pour le lot entier, une augmentation de poids vif de 155kg,200, ou, par tête, de 15kg,520, soit 0kg,134 par tête et par jour.

4e lot. — 3 moutons nourris à la pomme de terre crue et au foin (grande ration).

DATES.	POIDS.	GAIN OU PERTE de la semaine.	GAIN TOTAL.
—	—	—	—
	kilogr.	kilogr.	kilogr.
12 décembre 1893.	109,8	»	»
Ration : 3 kilogr. de pommes terre Richter's Imperator à 17.1 p. 100, 0kg,500 de menue paille, 0kg,750 de foin et 3 gr. de sel (par tête).			
19 décembre	107,6	— 2,2	»
30 décembre	111,6	+ 3,9	1,7
6 janvier 1894.	la pesée a été supprimée à cause du grand froid.		
13 janvier	119,0	+ 7,5	9,2
La ration reste la même, mais la pomme de terre Charolaise est substituée à la Richter's Imperator à 17.1 p. 100.			
20 janvier	118,0	— 1,0	8,2
Ration : 3kg,600 de pommes de terre Red Skinned à 14.7 p. 100, le reste ne change pas.			
27 janvier.	124,5	+ 6,5	14,7
Ration : 3kg,600 de pommes de terre Géante bleue à 13.5 p. 100, le reste ne change pas.			
3 février	125,6	+ 1,1	15,8
Ration : 3 kilogr. de pommes de terre Richter's Imperator à 17 p. 100, le reste ne change pas.			
10 février	129,4	+ 3,8	19,6
17 février	126,0	— 3,4	16,2
24 février	130,0	+ 4,0	20,2
3 mars.	131,0	+ 1,0	21,2
10 mars.	133,6	+ 2,6	23,8
17 mars.	138,5	+ 4,9	28,7
21 mars.	139,5	+ 1,0	29,7

Soit, pour le lot de trois moutons, une augmentation de poids vif de 29kg,700, une augmentation par tête de 9kg,900 pour une période de 100 jours, soit enfin une augmentation de 0kg,099 par tête et par jour.

Le même mode d'alimentation a été continué ensuite pour le lot n° 4 jusqu'au 20 avril; le poids du lot s'élevait alors à 154 kilogr., soit, pour une période de 126 jours, une augmentation de poids vif de 44kg,200 pour le lot entier, de 14kg,7 par tête et de 0gr,116 par tête et par jour.

Les résultats inscrits aux quatre tableaux qui précèdent sont riches en enseignements; mais, pour faire nettement ressortir ceux-ci, c'est chose nécessaire que d'envisager successivement et individuellement les différents modes d'alimentation qui les ont fournis.

Comparaison entre l'alimentation à la betterave et l'alimentation à la pomme de terre cuite. — C'est pendant une période de 70 jours, du 13 janvier au 24 mars 1894, qu'ont été tenus en comparaison exacte les lots n° 1 et n° 2 : le premier à la betterave, le second à la pomme de terre cuite, toutes deux additionnées de foin.

J'ai indiqué précédemment les motifs pour lesquels il était nécessaire de rejeter de cette comparaison les résultats obtenus du 28 novembre 1893 au 13 janvier 1894. Le poids de betteraves délivré aux dix moutons du n° 1 n'était pas équivalent au poids de pommes de terre reçues par le n° 2 ; et, de ce fait, le premier de ces lots se trouvait en état d'infériorité. Aussi, pendant cette période, a-t-on vu les animaux maigrir, diminuer de poids vif pendant trois semaines, et ne revenir à leur poids initial (37kg,500 par tête) qu'au bout d'un mois, tandis que, pendant ce temps, les dix moutons du n° 2 avaient gagné 42kg,900, soit plus de 4 kilogr. par tête.

C'est seulement à partir du 13 janvier que la ration betteravière portée à 4 kilogr., est devenue égale, comme valeur argent, et équivalente comme poids de matière sèche, à la ration pommes de terre qui avait été, pendant tout ce temps, et a été depuis maintenue à 2 kilogr. C'est donc à partir de cette date seulement, et en laissant de côté le bénéfice réalisé déjà par le lot n° 2, que la comparaison doit être considérée comme équitable.

Les résultats que cette comparaison fournit sont d'ailleurs remarquables et tout à l'avantage de l'alimentation par la pomme de terre.

Comme le montrent les chiffres inscrits aux tableaux précédents, et comme le montre aussi le diagramme ci-dessous, n° 3, sur lequel les temps sont indiqués par les abscisses, et les augmentations de poids indiquées en kilogrammes par les ordonnées, l'augmentation de poids vif a, pendant toute la période d'observation, été plus grande pour le lot nourri à la pomme de terre que pour le lot nourri à la betterave.

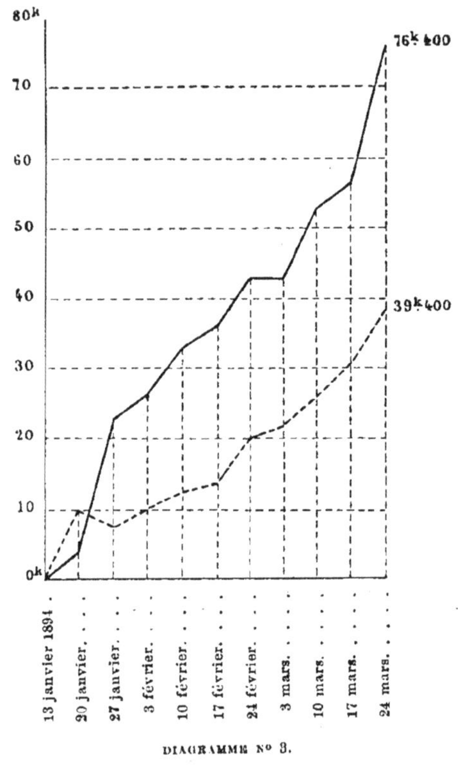

DIAGRAMME N° 3.

En 70 jours, le lot n° 1, qui est représenté par la ligne pointillée, a augmenté, en poids vif, de $39^{kg},400$, c'est-à-dire de $0^{kg},056$ par tête et par jour; tandis qu'à côté de lui, le lot n° 2, qui est représenté par la ligne pleine, augmentait de $76^{kg},400$, c'est-à-dire de $0^{kg},109$ par jour.

L'augmentation de poids vif est, dans le second cas, double de ce qu'elle est dans le premier.

Rapportée au poids initial des animaux dont chaque lot est composé, cette augmentation se traduit, à partir du 13 janvier, par les chiffres suivants :

	POIDS		AUGMENTATION	
	initial.	final.	réelle.	en centièmes.
	—	—	—	—
Pour le lot n° 1	$380^{kg},0$	$419^{kg},4$	$39^{kg},4$	10.3
Pour le lot n° 2	388 ,8	464 ,4	76 ,0	19.6

L'importance de ce résultat ne saurait échapper. Déjà, pour les bœufs, l'alimentation à la pomme de terre avait accusé une supériorité sérieuse sur l'alimentation à la betterave ; pour les moutons, cette supériorité devient tout à fait saisissante.

Comparaison entre l'alimentation à ration normale et l'alimentation à grande ration. — Ainsi que je l'ai précédemment exposé, c'est à l'aide de 2 kilogr. de pommes de terre additionnés de 0^{kg},500 de menue paille, de 0^{kg},500 de foin et de 3 gr. de sel, que j'ai, au début, constitué la ration normale et équivalente à la ration betteravière du lot n° 1, pour ensuite enrichir l'une et l'autre en portant la quantité de foin à 0^{kg},750 par tête et par jour.

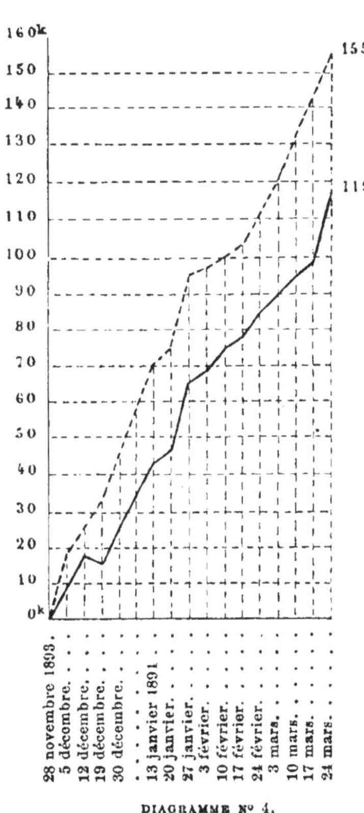

DIAGRAMME N° 4.

C'était chose importante cependant que de rechercher si cette ration correspond à la limite des quantités de pommes de terre utilisables par les moutons, ou si, au contraire, il y aurait avantage à augmenter la proportion de celle-ci.

C'est pour éclaircir ce point important que le lot n° 3 a été mis en observation. La ration qui lui a été donnée était identique à celle du n° 2 quant au foin, à la menue paille, etc., mais la proportion de la pomme de terre y avait été augmentée de moitié et portée à 3 kilogr. par tête et par jour.

Comparés l'un à l'autre, les chiffres inscrits aux tableaux (lots n° 2 et n° 3) et reproduits dans le diagramme ci-devant, n° 4, dans lequel les temps sont indiqués par les abscisses, et les augmentations de poids indiquées en kilogrammes par les ordonnées, montrent nettement que l'avantage, à ce point de vue, est à la grande ration.

Pendant la période de 116 jours qui s'est écoulée du 28 novembre au 24 mars, l'augmentation de poids vif a été, pour les dix moutons du lot n° 2 nourris à la ration normale, et représentés par la ligne pleine, de 119^{kg},300, soit 11^{kg},930 par tête, soit 0^{kg},103 par tête et par jour; tandis que, pour les dix moutons du lot n° 3, recevant la grande ration, et représentés par la ligne pointillée, cette augmentation a été de 155^{kg},800, soit 15^{kg},520 par tête, soit 0^{kg},134 par jour.

En moins de quatre mois, ces moutons ont augmenté de la moitié de leur poids environ; pesant à l'origine 35 kilogr. en moyenne, ils ont, en moyenne également, atteint le poids de 50^{kg},720. Pour quelques-uns, ainsi que l'ont montré les pesées individuelles faites à la fin des observations, ce poids s'est élevé à 51^{kg},500, 53 kilogr. et même 54 kilogr.

Rapportée au poids initial des animaux dont chaque lot était composé, l'augmentation ci-dessus constatée se traduit par les proportions suivantes :

	POIDS		AUGMENTATION	
	initial.	final.	réelle.	en centièmes.
	—	—	—	—
Pour le lot n° 2. . . .	345^{kg},1	464^{kg},4	119^{kg},3	34.8
Pour le lot n° 3. . . .	351 ,4	507 ,2	155 ,8	44.3

Des chiffres qui précèdent, il résulte que les moutons sont, plus encore que les bœufs, aptes à profiter d'une alimentation mélangée à la pomme de terre et au foin, et qu'ils peuvent, lorsque la ration qui leur est donnée est riche en tubercules, réaliser en peu de temps des augmentations de poids vif considérables.

On ne peut même s'empêcher de remarquer que l'enrichissement de la ration en pommes de terre étant de 50 p. 100 (3 kilogr. au lieu de 2 kilogr. par tête et par jour), l'augmentation du poids vif résultant de cet enrichissement est supérieure d'un tiers environ (44.3 p. 100 au lieu de 34.8 p. 100).

Comparaison entre l'alimentation à la pomme de terre cuite et à la pomme de terre crue. — Les animaux de l'espèce ovine présentent, sous le rapport de l'alimentation, une rusticité tout autre que les animaux de l'espèce bovine ; et si, vis-à-vis de ceux-ci, il était permis de prendre pour guide l'opinion généralement admise que la pomme de terre crue convient moins aux bêtes d'engrais que la pomme de terre cuite, c'était chose prudente, avant d'émettre une opinion semblable au sujet des moutons, que de soumettre ceux-ci à une expérience comparative d'alimentation par la pomme de terre cuite et la pomme de terre crue, dans des conditions, d'autre part, identiques.

Pour faire cette expérience, trois moutons ont été choisis dans le troupeau de la ferme de la Faisanderie, et ont, à partir du 12 décembre 1893, reçu une ration comprenant 3 kilogr. de pommes de terre crues, divisées au coupe-racines, et mélangées de $0^{kg},500$ de menue paille, $0^{kg},500$ d'abord et ensuite $0^{kg},750$ de foin, le tout additionné de 3 gr. de sel.

Les repas ont été servis, à ce quatrième lot, aux mêmes heures et dans les mêmes conditions qu'aux lots 1, 2 et 3.

Les pesées, de même, ont eu lieu chaque semaine ; et chaque fois que, pour satisfaire à des essais particuliers, la variété des pommes de terre a été changée pour les trois premiers lots, elle l'a été de même pour celui-ci.

L'essai d'alimentation à la pomme de terre crue a été, en un mot, conduit exactement de la même façon que les trois autres.

Les résultats ont été moins réguliers avec la pomme de terre crue qu'avec la pomme de terre cuite ; plusieurs fois des variations en sens contraire se sont produites sans cause apparente.

Mais si, laissant de côté ces variations accidentelles, on se contente de considérer le résultat final, on reconnaît que, tout en restant très inférieure à la pomme de terre cuite, la pomme de terre crue peut, avec certains avantages, intervenir à l'alimentation des moutons.

Du 12 décembre 1893 au 24 mars 1894, en effet, c'est-à-dire pendant une période de 100 jours, les trois moutons du n° 4, pesant, à l'origine, $109^{kg},8$, à la fin, $139^{kg},5$, ont augmenté, en poids vif, de $29^{kg},7$, soit par tête $9^{kg},900$, par tête et par jour $0^{kg},099$.

Il convient de remarquer que cette augmentation journalière n'est que légèrement inférieure à l'augmentation des moutons du lot n° 2, recevant 2 kilogr. de pommes de terre cuites ; cette augmentation a été, en effet, de 109 gr.

Si bien que, toutes les autres conditions de l'alimentation étant les mêmes, on peut dire que le résultat fourni par une ration comprenant 3 kilogr. de pommes de terre crues est sensiblement égal au résultat fourni par une ration comprenant 2 kilogr. de pommes de terre cuites.

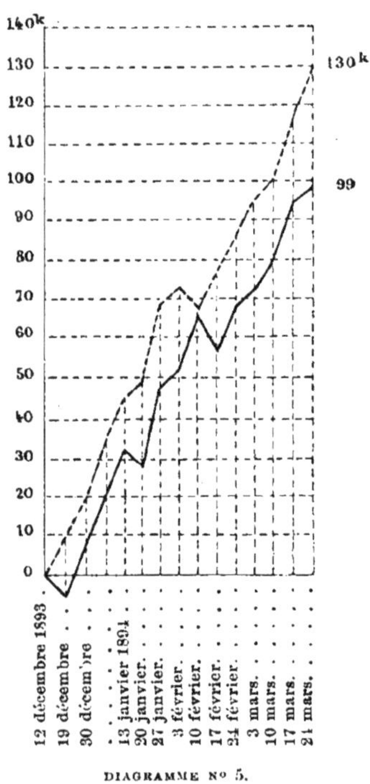

DIAGRAMME N° 5.

Mais ce résultat est, d'autre part, très inférieur au résultat fourni par une ration comprenant 3 kilogr. de pommes de terre cuites, c'est-à-dire un poids de tubercules identique comme valeur en argent et comme richesse en matières nutritives, au poids pommes de terre crues contenu dans la ration du lot n° 4.

Pour rendre ces résultats comparables entre eux, on peut, comme je l'ai fait dans le diagramme ci-contre (n° 5), supposer que le lot n° 4 était, lui aussi, composé de dix moutons. Affectant alors à ces dix moutons les chiffres moyens trouvés pour les trois animaux que le lot n° 4 comprenait réellement, on reconnaît que, rapportée au poids initial de ceux-ci, l'augmentation de poids vif a été pour les lots 3 et 4.

	POIDS		AUGMENTATION	
	initial.	final.	en poids réel.	en centièmes.
Lot n° 3. . . .	376kg,6	507kg,2	130kg,6	35
Lot n° 4. . . .	366 ,0	465 ,0	99 ,0	27

L'augmentation de poids vif est donc, proportionnellement au poids initial des animaux, de 30 p. 100 environ $\left(\frac{8}{27} = \frac{29,6}{100}\right)$ supérieure lorsque la pomme de terre est donnée cuite, à ce qu'elle est lorsque les tubercules sont consommés à l'état cru.

Ce résultat est nettement accusé sur le diagramme n° 5, où les temps sont marqués sur la ligne des abscisses, les augmentations de poids indiquées en kilogrammes par les ordonnées et sur lesquels la ligne pleine correspond au lot nourri à la pomme de terre crue, la ligne pointillée au lot nourri à la pomme de terre cuite.

Pour avoir de l'intervention de la pomme de terre crue à l'alimentation des moutons une notion plus complète, j'ai, les autres essais étant arrêtés, prolongé ce mode d'alimentation pendant un mois encore.

Le 20 avril, les trois moutons de ce quatrième lot ont été pesés une dernière fois ; leur poids était alors de 154 kilogr. ; il était à l'origine de 109^{kg},800 ; l'augmentation de poids vif était donc de 44^{kg},200 pour une période de 127 jours, soit 14^{kg},660 par tête.

Cette augmentation totale est sensiblement égale à celle qu'a précédemment donnée l'emploi de 3 kilogr. de pommes de terre cuites par jour à l'alimentation.

Pour obtenir, en un mot, la même augmentation de poids vif, il a fallu, avec 3 kilogr. de pommes de terre cuites, 100 jours ; avec 3 kilogr. de pommes de terre crues, 127 jours. La différence, au bénéfice de l'emploi de la pomme de terre cuite, est de 21 p. 100 environ.

Au cours des expériences qui précèdent, on a vu d'ailleurs les moutons influencés comme les bœufs par la qualité de la pomme de terre qui leur a été délivrée soit cuite, soit crue. La distribution de pommes de terre pauvres (Charolaise, Géante bleue) a, dans tous les cas, déterminé une moindre augmentation du poids vif, souvent même une diminution de celui-ci, et cet arrêt dans la progression a été également suivi d'une reprise aussitôt qu'à ces variétés pauvres on a fait succéder une variété de richesse supérieure, comme la *Red Skinned* d'abord, la *Richter's Imperator* ensuite.

En résumé, les résultats constatés au sujet de l'alimentation des moutons à la pomme de terre et au foin conduisent aux conclusions suivantes :

1° La supériorité de l'alimentation à la pomme de terre et au foin sur l'alimentation à la betterave et au foin, prise comme terme de comparaison, est plus marquée encore pour les moutons que pour les bœufs ;

2° Lorsque les rations de l'une et de l'autre sorte sont égales au point de vue de la valeur en argent et équivalentes au point de vue du poids des matières sèches (2 kilogr. de pommes de terre pour 4 kilogr. de betteraves), l'augmentation en poids vif est double avec la pomme de terre de ce qu'elle est avec les betteraves. En 70 jours, des moutons de 35 à 37 kilogr. gagnent, avec la betterave, 3^{kg},900 ; avec la pomme de terre, 7^{kg},600 ;

3° En augmentant de moitié la quantité de pommes de terre dans la ration, c'est-à-dire en la portant à 3 kilogr. par tête et par jour, les résultats sont plus remarquables encore. En prolongeant l'alimentation pendant 116 jours, on voit les moutons du poids ci-dessus (35 à 37 kilogr.) augmenter, en poids vif, de 11^{kg},930 quand ils reçoivent 2 kilogr. de tubercules, de 15^{kg},580 quand ils en reçoivent 3 kilogr.

4° Offerte à l'état cru aux moutons, la pomme de terre, additionnée de foin bien entendu, peut suffire à leur entretien et même à leur engraissement ; mais les résultats sont alors, et dans une mesure importante, inférieurs à ceux auxquels aboutit l'emploi de la pomme de terre cuite. A poids égal (3 kilogr. par tête et par jour), la pomme de terre crue détermine une augmentation de poids vif inférieure de 30 p. 100 environ à celle que détermine la pomme de terre cuite. Pour obtenir de l'une et de l'autre le même résultat, il faut prolonger l'emploi de la première pendant un temps de 21 p. 100 supérieur à celui qui suffit lorsque la pomme de terre est donnée cuite.

Rendement en viande nette des bœufs et des moutons nourris à la pomme de terre.

Les faits acquis, à la suite des recherches qui viennent d'être exposées relativement à la production de la viande chez les bœufs et chez les moutons nourris à la pomme de terre et au foin, peuvent être résumés à l'aide de quelques chiffres.

De ces recherches, il résulte que, pendant une période de 95 jours, des bœufs recevant une ration normale de betterave et de foin ont réalisé une augmentation de poids vif de 0kg,956 par tête et par jour;

Que, pendant une période réduite à 81 jours, cette augmentation de poids vif, pour des bœufs recevant une ration normale également et équivalente à la première de pommes de terre et de foin, s'est élevée à 1kg,331, surpassant par conséquent la précédente de 0kg,375;

Que pendant la même période, et en adoptant une ration plus riche de moitié en pommes de terre, l'augmentation du poids vif a atteint le chiffre de 1kg,629 par tête et par jour, surpassant la première de 0kg,673, la seconde de 0kg,342;

Que, pendant une période de 70 jours, un lot de dix moutons recevant une ration normale de betterave et de foin n'a augmenté en poids vif que de 39kg,400, soit 0kg,056 par tête et par jour, tandis que, pendant la même période, un autre lot de dix moutons recevant une ration normale également et équivalente à la première, de pommes de terre et de foin, a augmenté en poids vif de 76 kilogr., soit 0kg,109 par tête et par jour;

Que, pendant une période de 116 jours, deux lots de dix moutons chacun, nourris l'un et l'autre à la pomme de terre et au foin, le premier recevant par tête 20 kilogr. et le second 30 kilogr. de pommes de terre, ont augmenté respectivement : le premier, de 119kg,300, correspondant à une augmentation de poids vif de 11kg,930 par mouton, soit de 0kg,103 par tête et par jour; le second, de 115kg,800, correspondant à une augmentation de 15kg,520 par mouton, soit 0kg,134 par tête et par jour;

Qu'enfin, pendant une période de 100 jours, deux lots de dix moutons soumis l'un et l'autre au régime de la grande ration, mais recevant les 3 kilogr. de pommes de terre par tête que cette ration comporte, le premier à l'état cuit, le second à l'état cru, ont augmenté en poids vif : le premier, de 13^{kg},600 par tête, soit 0^{kg},136 par tête et par jour ; le second, de 99 kilogr. seulement, en déficit de 31^{kg},600 par rapport au premier, soit une augmentation de 0^{kg},099 par tête et par jour.

Ces résultats sont d'une grande netteté, et le tableau suivant les met mieux encore en relief :

	RATIONS.	AUGMENTATION journalière de poids vif, par tête.
Bœufs	Normale, de betteraves d'abord, ensuite de pommes de terre	0^{kg},956
	De pommes de terres cuites (normale)	1 ,331
	De pommes de terres cuites (grande)	1 ,629
Moutons	De betteraves (normale)	0 ,056
	De pommes de terre cuites (normale)	0 ,109
	De pommes de terre cuites (grande)	0 ,134
	De pommes de terre crues (grande)	0 ,099

Mais ce n'est pas seulement sur la mesure de l'augmentation en poids vif des animaux qu'il convient, on le sait, de baser la valeur du système d'alimentation auquel ces animaux sont soumis ; deux autres éléments doivent intervenir à l'établissement de cette valeur lorsque les produits obtenus sont destinés à la boucherie ; ces éléments, ce sont, d'une part, le rendement en viande nette ; d'une autre, la qualité de viande.

Pour l'appréciation de ces éléments, j'ai eu recours à l'obligeance de deux spécialistes expérimentés.

M. Tainturier, boucher en gros à l'abattoir de la Villette, que M. Maringe avait chargé de l'abatage et de la vente des bœufs qu'il avait bien voulu me confier pour mes expériences, m'a apporté, pour l'évaluation du rendement de ces animaux en viande nette, une collaboration d'autant plus précieuse que, par ses études personnelles sur l'alimentation des animaux, M. Tainturier a acquis en ces questions une compétence exceptionnelle.

Pour les moutons, M. Fouquet, boucher en gros à Vincennes,

possédant, lui aussi, dans la détermination des rendements, une grande expérience, a bien voulu me venir en aide.

Je ne saurais trop remercier ces deux spécialistes des renseignements éclairés qu'ils ont bien voulu me fournir en cette circonstance.

C'est du rendement en viande nette des bœufs que je m'occuperai en premier lieu. En laissant de côté le bœuf n° 3 qu'il avait fallu sacrifier à la fin de janvier, le troupeau livré à la boucherie, à la fin de mars, comprenait huit animaux.

Ces animaux, qu'en cette circonstance encore je grouperai en trois lots, comme ils l'étaient pendant la première période de mes essais, ont, à l'abatage, fourni en viande nette les rendements suivants :

Ancien 1er lot. — Bœufs nourris à la betterave d'abord, puis à la pomme de terre.

	POIDS des bœufs[1].	RENDEMENT EN VIANDE NETTE		
		en poids.	en centièmes.	moyenne.
	kilogr.	kilogr.		
N° 1	970	586,0	60.41	59.17
N° 7	912	537,0	58.88	
N° 6	805	469,0	58.26	

Ancien 2e lot. — Bœufs nourris à la pomme de terre (ration normale).

N° 9	810	483,5	59.69	60.19
N° 8	812	497,5	59.08	
N° 2	1 000	618,0	61.80	

Ancien 3e lot. — Bœufs nourris à la pomme de terre (grande ration).

N° 4	947	536,0	56.60	57.66
N° 5	876	514,5	58.73	

soit un rendement moyen en viande nette de 59 p. 100.

C'est là un rendement tout à fait remarquable. « Il représente,

1. Ces poids sont légèrement différents de ceux consignés aux tableaux précédents ; c'est le 10 mars 1894, en effet, que les expériences ont été arrêtées ; c'est le 24 mars seulement que les bœufs ont été livrés à la boucherie, et pendant ces quinze jours ils avaient encore un peu augmenté.

m'écrivait le 17 avril M. Tainturier, le maximum obtenu jusqu'à ce jour pour les bœufs d'étable. »

Les animaux de choix engraissés dans les départements du Nord, de Seine-et-Marne, de l'Aisne, de l'Oise, etc., ne dépassent jamais un rendement de 53 à 56 p. 100. Les chiffres qui précèdent offrent, par conséquent, en faveur des animaux nourris à la pomme de terre, un excédent de rendement qui représente 3 à 6 p. 100 du poids vif.

Au prix de 1 fr. 60 c. le kilogr., c'est, pour un bœuf de 800 kilogr., indépendamment de l'augmentation en poids vif, une plus-value de 40 à 80 fr.

En étudiant avec attention les chiffres ci-dessus présentés, on est bientôt frappé de ce fait que c'est au deuxième lot qu'appartient la moyenne de rendement la plus élevée. Cette moyenne, en effet, est :

Pour le 1er lot (betterave, puis pommes terre) . . .	59.17 p. 100
Pour le 2e lot (pommes de terre, ration normale) . .	60.19 —
Pour le 3e lot (pommes de terre, grande ration). . .	57.66 —

Que le rendement du premier lot soit inférieur à celui du deuxième, on n'a pas lieu d'en être surpris, puisque c'est à l'introduction de la pomme de terre dans la ration qu'est due l'élévation des rendements et que les animaux de ce lot ont été nourris à la betterave jusqu'au 27 janvier.

Mais ce qui est surprenant, *a priori* du moins, c'est que la moyenne des rendements soit pour le troisième lot, nourri à la grande ration, de 57.66 p. 100 seulement, alors que pour le deuxième lot, nourri à la ration normale, il atteint 60.19 p. 100.

Cette infériorité, qui n'est pas moindre de 2.53 p. 100, apporte aussitôt une indication précieuse, relativement à la limitation des quantités de pommes de terre que les bœufs peuvent transformer en viande nette.

Sans doute, on a vu précédemment l'emploi de la ration riche en pommes de terre aboutir à une augmentation de poids vif plus considérable que l'emploi de la ration normale. Cette augmentation, pour les bœufs recevant 25 kilogr. de pommes de terre, pendant une période de 81 jours, n'a été que de 107kg,800 par tête, tandis que pour les bœufs recevant 30 kilogr. de pommes de terre, elle a atteint 133 kilogr. Mais si, à ces deux chiffres moyens, on applique les rendements constatés à l'abatage pour l'un et l'autre lot (60.19 et 57.66 p. 100), on obtient comme augmentation du poids de la viande nette, pour les bœufs à ration normale, 64kg,880 ; pour les bœufs à grande ration, 76kg,680. La différence est faible, et l'avantage au bénéfice de la grande ration ne répond pas à l'augmentation de dépense qu'entraîne son enrichissement en pommes de terre.

Dès à présent, par conséquent, et la recherche du prix de revient le montrera mieux encore, il est établi que, pour les bœufs, c'est la ration normale à 25 kilogr. de pommes de terre et 7kg,500 de foin qui fournit les résultats les plus rémunérateurs.

Il en est d'ailleurs des rendements en viande nette fournis par les moutons nourris à la pomme de terre, comme des rendements fournis par les bœufs.

Sans pousser vis-à-vis de ces moutons l'analyse aussi loin que je l'avais fait pour les bœufs, j'ai voulu cependant qu'elle fût assez complète pour permettre d'établir exactement le rendement moyen de ces animaux.

Neuf moutons du lot n° 3 recevant la grande ration (3 kilogr. de pommes de terre et 0kg,750 de foin par tête et par jour) ont été abattus, et leur rendement en viande nette établi, pour les cinq premiers, par M. Fouquet, pour les quatre autres, par mon savant confrère M. Trasbot, directeur de l'École d'Alfort. Ces neuf moutons ont donné les rendements suivants :

	POIDS VIF.	VIANDE NETTE.	RENDEMENT en centièmes.
N° 1	51kg,5	27kg,0	52.40
N° 2	49 ,5	25 ,0	50.50
N° 3	48 ,5	24 ,0	49.50
N° 4	42 ,0	21 ,5	51.20
N° 5	53 ,0	27 ,5	51.90
N° 6	53 ,5	26 ,5	49.53
N° 7	45 ,0	22 ,5	50.00
N° 8	43 ,5	22 ,5	52.32
N° 9	43 ,5	23 ,5	54.02
Totaux	429kg,5	220kg,0	Moyenne. 51.50

Ce sont là de très beaux rendements qui rarement sont dépassés dans la pratique de l'engraissement, et qui correspondent à la production de sujets parfaits.

Pour donner une idée de leur importance, il me suffira de rappeler que ces moutons ont été pris dans le troupeau de la ferme de la Faisanderie, troupeau dont les produits sont destinés à l'alimentation de l'École d'Alfort, et d'ajouter que le rendement en viande nette des moutons ordinaires pris directement dans le troupeau pour être livrés à l'École, varie habituellement de 39 à 41 p. 100. Le gain réalisé, du fait de l'alimentation pendant 116 jours à la pomme de terre, a donc été de 10 p. 100 de viande nette par rapport au poids vif.

Qualité de la viande. — Une des considérations qui, à l'origine, m'ont déterminé à entreprendre les recherches que j'expose en ce moment, a été la supériorité reconnue par tous les consommateurs à la viande des porcs nourris et engraissés à la pomme de terre.

J'avais pensé dès lors que, par analogie, l'emploi de la pomme de terre à l'alimentation des bœufs et des moutons déterminerait la production d'une viande de bonne qualité, peut-être de qualité supérieure.

Je n'espérais pas cependant un succès aussi grand que celui auquel cet emploi vient d'aboutir.

La viande des bœufs et des moutons nourris à la pomme de terre, soumise à l'appréciation de dégustateurs experts, a été trouvée de qualité tout à fait remarquable.

Pour les bœufs notamment, il résulte d'une déclaration de M. Tainturier « que la viande était parfaite, d'une bonne couleur et d'un persillé recherché par le consommateur, comme indice certain d'une qualité irréprochable ».

Il en a été de même pour les moutons, et l'opinion générale a été que l'on pouvait obtenir de la viande aussi belle, mais qu'il était impossible d'en trouver de meilleure.

Rôties, grillées ou bouillies, ces viandes ont été trouvées excellentes par tous ceux qui ont eu occasion de les consommer.

La viande des animaux nourris à la pomme de terre est, en réalité, une viande de premier choix.

Le succès est donc complet au point de vue de l'augmentation en poids vif, du rendement en viande nette et de la qualité.

Recherche du prix de revient des viandes de bœuf et de mouton fournies par l'alimentation des animaux à la pomme de terre.

C'est une entreprise certainement téméraire que celle de tenter, dans les conditions où mes expériences ont été faites, d'établir le prix de revient des viandes de bœuf et de mouton fournies par l'abatage de ces animaux.

Je l'essayerai cependant, mais en déclarant très franchement que ma tentative ne peut aboutir qu'à un aperçu et non à une réalité ferme.

Je me contenterai, dans cette recherche, de mettre en regard, d'un côté, la valeur des animaux au moment de la mise en route et les frais que leur alimentation a occasionnés; d'un autre, les produits qu'ils ont fournis à l'abatage.

Bien entendu, pour les fourrages, je laisserai de côté les prix exceptionnels de l'hiver 1893-1894, prix qui cependant ont été payés, pour appliquer aux quantités consommées les prix moyens des dernières années.

Ces prix, qui correspondent à des conditions commerciales normales, seront les suivants :

Betterave fourragère.	1f,80	100 kilogr.
Pomme de terre fourragère. . . .	3 ,20	—
Foin de luzerne	9 ,00	—
Menue paille.	2 ,50	—
Paille pour litière.	5 ,00	—
Tourteaux.	16 ,00	—

D'autre part, le charbon étant compté à 30 fr. les 1 000 kilogr., et la cuisson de 360 kilogr. de pommes de terre n'exigeant, avec la chaudière Egrot, comme il a été dit précédemment, que 20 kilogr.

de charbon, il en résulte que la dépense pour cette cuisson n'a pas dépassé 1 fr. 68 c. pour 1 000 kilogr. de pommes de terre.

Aux dépenses calculées d'après les prix qui viennent d'être indiqués, il conviendrait d'ajouter, pour établir un prix de revient exact, les frais de bouvier et les frais généraux ; mais, dans les conditions où mes opérations ont été conduites, je ne saurais donner à ce propos que des chiffres fantaisistes, et je préfère laisser aux personnes compétentes le soin de prélever ces frais sur les chiffres de bénéfice net correspondant à chaque mode d'alimentation.

J'agirai de même en ce qui concerne les frais d'octroi, qui, variables suivant le lieu de consommation, ne sauraient être envisagés d'une manière générale.

Par contre, et pour la même raison, je n'ai pas cru pouvoir faire figurer en recette un chiffre représentant la valeur des fumiers, quoique la dépense en paille litière ait été forte ; cette valeur devrait naturellement être ajoutée au chiffre des produits ; je n'ai pas besoin de faire remarquer que, dans le cas actuel, elle représenterait une somme importante.

Cela posé, j'établirai d'abord le compte de chacun des trois lots de bœufs. Ces bœufs avaient été à l'origine, après pesée et examen par MM. Busseuil et Juste, commissionnaires en bestiaux, estimés l'un dans l'autre au prix moyen de 680 fr. (15 novembre 1893).

Bœufs.

1er lot. — 3 bœufs nourris à la betterave et au foin pendant 67 jours, à la pomme de terre et au foin pendant 28 jours (total : 95 jours).

DÉPENSES.

Valeur des 3 bœufs à 680 fr. pièce.	2 040f,00
10 945 kilogr. de betteraves à 1 fr. 80 c.	197 ,00
2 572 kilogr. de pommes de terre à 3 fr. 20 c.	82 ,30
1 200 kilogr. de menue paille à 2 fr. 50 c.	30 ,00
2 024 kilogr. de foin à 9 fr.	182 ,00
210 kilogr. de tourteaux à 16 fr.	33 ,00
1 600 kilogr. de paille pour litière à 5 fr.	80 ,00
Cuisson de 2 572 kilogr. de pommes de terre.	4 ,35
Frais d'abatage, etc..	42 ,00
Total.	2 690f,65

PRODUITS.

Viande nette.	N° 1. — 586 kilogr. à 1 fr. 60 c.	937f,60	2 500f,30
	N° 7. — 537 kilogr. à 1 fr. 60 c.	859 ,20	
	N° 6. — 469 kilogr. à 1 fr. 50 c.	703 ,50	
3 cuirs à 44 fr.			132 ,00
3 suifs à 41 fr. 40 c.			124 ,30
3 abats à 20 fr.			60 ,00
Total			2 816f,50

Produits	2 816f,50
Dépenses	2 690 ,65
Bénéfice total	135f,85
Bénéfice par tête	45f,28

2° lot. — 3 bœufs nourris à la pomme de terre et au foin (ration normale) pendant toute la durée des observations (81 jours).

DÉPENSES.

Valeur des 3 bœufs à 680 fr. pièce	2 040f,00
6 180 kilogr. de pommes de terre à 3 fr. 20 c.	197 ,00
1 200 kilogr. de menue paille à 2 fr. 50 c.	30 ,00
1 713 kilogr. de foin à 9 fr.	154 ,00
168 kilogr. de tourteaux à 16 fr.	27 ,00
1 600 kilogr. de paille pour litière à 5 fr.	80 ,00
Cuisson de 6 180 kilogr. de pommes de terre	10 ,00
Frais d'abatage	42 ,00
Total	2 580f,00

PRODUITS.

Viande nette.	N° 9. — 484 kilogr. à 1 fr. 60 c.	773f60	2 578f,30
	N° 8. — 497 kilogr. à 1 fr. 68 c.	815 90	
	N° 2. — 618 kilogr. à 1 fr. 60 c.	988 80	
3 cuirs à 44 fr.			132 ,00
3 suifs à 41 fr. 40 c.			124 ,20
3 abats à 20 fr.			60 ,00
Total			2 894f,59

Produits	2 894f,50
Dépenses	2 580 ,00
Bénéfice total	314f,50
Bénéfice par tête	104f,83

3e lot. — 2 bœufs nourris à la pomme de terre et au foin (grande ration) pendant toute la durée des observations (81 jours).

DÉPENSES.

Valeur des 2 bœufs à 680 fr. pièce.	1 360f,00
4 540 kilogr. de pommes de terre à 3 fr. 20 c.	145 ,00
800 kilogr. de menue paille à 2 fr. 50 c.	20 ,00
1 110 kilogr. de foin à 9 fr.	100 ,00
112 kilogr. de tourteau à 16 fr.	18 ,00
1 050 kilogr. de paille pour litière à 5 fr.	52 ,50
Cuisson de 4 540 kilogr. de pommes de terre.	7 ,62
Frais d'abatage.	28 ,00
Total.	1 731f,12

PRODUITS.

Viande nette. N° 4. — 536 kilogr. à 1 fr. 70 c.	900f,48	1 682f,52
Viande nette. N° 5. — 515 kilogr. à 1 fr. 56 c.	782 ,04	
2 cuirs à 44 fr.		88 ,00
2 suifs à 41 fr. 40 c.		82 ,80
2 abats à 20 fr.		40 ,00
Total.		1 893f,32

Produits.	1 893f,32
Dépenses	1 731 ,12
Bénéfice total.	162f,20
Bénéfice par tête	81f,10

Les comptes qui précèdent n'ont pas, je le répète, la prétention d'être rigoureux; il ne faut pas oublier en effet que, parmi les dépenses, j'ai intentionnellement négligé d'inscrire les frais de bouvier et les frais généraux; que parmi ces dépenses j'en ai fait figurer dont, en général, on ne tient guère compte à la ferme, celle, par exemple qui, résulte de l'emploi de la menue paille, etc.; que de même enfin, parmi les recettes, je n'ai pas fait figurer la valeur des fumiers.

Tels qu'ils sont cependant, ces comptes donnent une physionomie exacte des résultats économiques auxquels ont abouti les trois modes d'alimentation mis en comparaison; ils montrent surtout et proportionnellement la relation des bénéfices correspondant à ces trois modes d'alimentation.

Ces résultats peuvent se résumer en disant que l'opération sur les bœufs nourris à la betterave se solde par un modeste bénéfice de 45 fr. 28 par tête, quoique cette opération ait duré quatorze jours de plus que les deux autres ;

Que ce bénéfice pour les bœufs recevant la ration normale (25 kilogr. de pommes de terre et 7^{kg},500 de foin) s'élève à 104 fr. 83 par tête ;

Qu'enfin, pour les bœufs nourris à la grande ration, il s'abaisse à 81 fr. 10.

Ces bénéfices, en un mot, réduits d'ailleurs par les considérations de comptabilité qui ont été indiquées ci-dessus, se présentent entre eux dans le rapport de 1 pour les bœufs nourris à la betterave, de 2,5 pour les bœufs recevant la ration normale de pommes de terre, de 2 enfin pour les bœufs recevant la grande ration (30 kilogr. au lieu de 25).

Ainsi se trouve nettement établie la valeur économique de l'intervention de la pomme de terre à l'alimentation des bœufs de boucherie.

Ainsi se trouve également vérifié le fait que la comparaison des rendements en viande nette avait déjà fait reconnaître, d'une diminution notable de cette valeur, lorsque la proportion de pommes de terre devient trop abondante et pour des bœufs de 800 kilogr. dépasse 25 kilogr. par tête et par jour.

C'est à une conclusion tout analogue que conduit le rapprochement des dépenses faites pour les moutons et des produits que ces animaux ont fournis.

Si, par exemple, on met en compte ces deux éléments pour le deuxième lot nourri à la ration normale, c'est-à-dire recevant 2 kilogr. de pommes de terre et d'abord 0^{kg},500 puis 0^{kg},750 de foin par tête et par jour, et si, adoptant comme rendement en viande nette le chiffre de 51.5 p. 100 constaté pour les neuf moutons abattus, on fait d'ailleurs au sujet des frais généraux, de la valeur du fumier, etc., les mêmes réserves que pour les bœufs, on arrive aux résultats suivants :

Moutons.

2e lot. — 10 moutons nourris à la pomme de terre et au foin (ration normale) pendant 116 jours.

DÉPENSES.

Valeur de 10 moutons (345kg,500 à 0 fr. 90 c.)	310f,95
2 320 kilogr. de pommes de terre à 3 fr. 20 c.	74 ,24
580 kilogr. de menue paille à 2 fr. 50 c.	14 ,50
817 kilogr. de foin à 9 fr.	73 ,53
Cuisson de 2 320 kilogr. de pommes de terre	3 ,90
Frais d'abatage.	10 ,00
Total.	487f,12

PRODUITS.

Viande nette, 239 kilogr. à 2 fr.	478f,00
10 peaux à 4 fr..	40 ,00
10 abats complets à 0 fr. 90 c..	9 ,00
10 suifs.	15 ,00
Total.	542f,00

Produits	542f,00
Dépenses.	487 ,00
Bénéfice total.	55f,00
Bénéfice par tête	5f,50

Mis en comparaison avec les chiffres précédents, ceux qu'apporte le compte du troisième lot, c'est-à-dire du lot nourri à la ration supérieure à la normale, et recevant non plus 2 mais 3 kilogr. de pommes de terre, deviennent les suivants :

3e lot. — 10 moutons nourris à la pomme de terre et au foin (grande ration) pendant 116 jours.

DÉPENSES.

Valeur de 10 moutons (351kg,400 à 0 fr. 90 c.)	316f,25
3 180 kilogr. de pommes de terre à 3 fr. 20 c.	101 ,75
580 kilogr. de menue paille à 2 fr. 50 c.	14 ,50
817 kilogr. de foin à 9 fr.	73 ,53
98 kilogr. de tourteau à 16 fr.	15 ,60
Cuisson de 3 180 kilogr. de pommes de terre.	5 ,34
Frais d'abatage.	10 ,00
Total.	536f,97

PRODUITS.

Viande nette, 261^{kg},200 à 2 fr.	522^{f},40
10 peaux à 4 fr.	40 ,00
10 abats complets à 0 fr. 90 c.	9 ,00
10 suifs	15 ,00
Total	586^{f},40
Produits	586^{f},40
Dépenses	536 ,97
Bénéfice total	49^{f},43
Bénéfice par tête	4^{f},94

Le bénéfice est plus grand pour les moutons nourris à la ration normale que pour ceux dont la ration comprenait une quantité de pommes de terre plus abondante.

La conclusion est donc, dans ce cas, la même que dans le cas des bœufs.

Si la grande augmentation en poids vif obtenue en introduisant, dans la ration des moutons, 3 kilogr. de pommes de terre par tête et par jour, au lieu de 2 kilogr., semble, au premier abord, donner la supériorité à l'emploi de la grande ration, on doit reconnaître que cette supériorité n'est qu'apparente et qu'en somme le rendement en argent est plus élevé avec la ration normale.

Ce qui revient à dire que, pour les moutons comme pour les bœufs, il est une limite au delà de laquelle la pomme de terre, comme tous les autres fourrages d'ailleurs, cesse d'être consommée utilement par les animaux. Cette limite, les résultats précédents établissent que c'est à 2 kilogr. par tête et par jour qu'il convient de la fixer.

Quant à la supériorité que présente, au point de vue économique, pour l'alimentation des moutons, l'emploi de la pomme de terre comparativement à l'emploi de la betterave, il suffit, pour l'établir, de rappeler que, pendant les 71 jours qu'a duré cette alimentation, la dépense a été, dans l'un et l'autre cas, identique, 4 kilogr. de betteraves ayant, en argent, la même valeur que 2 kilogr. de pommes de terre, et que, dans ces conditions, on a vu le poids vif des moutons augmenter de 10.3 p. 100 seulement avec la betterave, et de 19.6 p. 100 avec la pomme de terre.

De telle sorte que, même en admettant, pour les moutons nourris à la betterave, un rendement en viande nette aussi élevé que celui constaté pour les moutons nourris à la pomme de terre (51.5 p. 100), ce qui n'est pas établi, les produits marchands fournis par l'abatage des premiers doivent représenter une valeur en argent inférieure de 4 à 5 fr. par tête à la valeur des produits fournis par l'abatage des seconds.

CONCLUSIONS

Des faits qui viennent d'être exposés se dégage aussitôt cette conclusion générale : que la pomme de terre riche et à grand rendement doit être dorénavant considérée comme un fourrage de premier ordre.

Introduite dans la ration des bœufs ou des moutons, elle augmente rapidement le poids vif de ces animaux, les enrichit en viande nette et donne aux produits de boucherie qu'ils fournissent des qualités de finesse, de succulence absolument remarquables.

Pour obtenir les résultats qui viennent d'être résumés, il est, à l'intervention de la pomme de terre dans la composition des rations, des limites qu'il convient de ne pas dépasser; ces limites, c'est à 25 kilogr. par tête et par jour pour des bœufs de 800 kilogr. environ, à 2 kilogr. par tête et par jour pour des moutons de 35 kilogr. environ, qu'il convient de les fixer. C'est, par 100 kilogr. de poids vif, une proportion de $3^{kg},125$ pour les bœufs, de $5^{kg},714$ pour les moutons.

A la composition des rations, d'ailleurs, doit intervenir toujours, en même temps que la pomme de terre, un fourrage herbacé (foin, paille, etc.), qui apporte à ces rations une quantité de matières nutritives sèches sensiblement égale à celle qu'apporte la pomme de terre.

Partiellement au moins, ce fourrage herbacé doit être mélangé à la pomme de terre, de façon à diviser la masse et à rendre la rumination facile.

C'est après cuisson, et encore légèrement tiède, que la pomme de terre doit être distribuée aux animaux. Pour les moutons cependant, la pomme de terre crue peut donner des résultats intéressants, mais il faut alors augmenter de moitié la quantité qu'en reçoit chaque animal, ou bien prolonger de 21 p. 100 la durée de l'alimentation.

Mélangée avec le foin ou la paille, qui la doivent diviser, la pomme de terre cuite doit être pendant 24 heures abandonnée au refroidissement et à un commencement de fermentation, avant d'être délivrée aux animaux, qui, en cet état, la dévorent avec avidité.

Les avantages économiques réalisés par l'emploi de la pomme de terre fourragère à l'alimentation sont importants. Nourri dans les conditions qui viennent d'être indiquées, un bœuf de 770 kilogrammes au début, augmente, en 81 jours, de 110 kilogr. environ de poids vif et fournit à l'abatage 60.19 p. 100 de viande nette de qualité supérieure ; un mouton de 35 kilogr. environ au début augmente, en 116 jours, de 12 kilogr. environ et fournit à l'abatage 51.50 p. 100 de viande nette, de qualité supérieure également.

L'excellence des effets produits par l'intervention de la pomme de terre à l'alimentation des bœufs et des moutons destinés à la production des viandes de boucherie résulte des faits qui viennent d'être résumés avec une netteté telle, qu'il devient inutile d'y insister davantage.

Dans la pomme de terre riche et à haut rendement, il convient de voir non seulement une ressource accidentelle dans le cas de disette fourragère, mais encore et surtout un fourrage régulier, fournissant économiquement, en temps normal, des résultats remarquables au point de vue de la production de la viande.

DEUXIÈME MEMOIRE

INTRODUCTION

Les conclusions pratiques auxquelles ont abouti, en 1894, mes recherches sur l'emploi systématique de la pomme de terre à l'alimentation des animaux de boucherie ont vivement frappé le monde agricole. Dans l'application, ancienne déjà, mais confuse jusqu'ici, dont j'ai, l'année dernière, cherché à préciser les conditions et les mérites, beaucoup ont reconnu le débouché indispensable que réclame aujourd'hui la culture intensive de la pomme de terre et qui, seul, peut assurer son avenir.

L'importance des résultats acquis en cette circonstance devait, naturellement, me conduire à des recherches nouvelles et m'engager à développer la démonstration que les premières venaient d'apporter.

A priori, d'ailleurs, l'entreprise semblait devoir être pour la campagne actuelle plus facile que pour la précédente. Au cours de celle-ci, des accidents imprévus avaient troublé la marche des opérations. Éclairé par l'expérience, j'étais dorénavant en mesure d'éviter les accidents de cette sorte, et, en effet, il ne s'en est produit aucun. Mais la rigueur de l'hiver devait, en 1894-1895, me créer d'autres difficultés.

L'écurie que l'Institut national agronomique a bien voulu mettre à ma disposition à la ferme de la Faisanderie est mal garantie contre le froid, et, malgré les appareils de chauffage que j'y ai fait installer, il a été impossible, durant le mois de janvier, d'en élever la température au-dessus de 10°, alors qu'une température de 15 à 18° est, on le sait, nécessaire aux animaux à l'engrais.

Je ne regrette pas ces difficultés; malgré leur importance, en effet, elles n'ont pu empêcher les résultats de la campagne 1894-

1895 d'être plus remarquables encore que ceux de la campagne précédente.

Comme en 1893-1894, c'est sur des bœufs et des moutons que mes nouvelles recherches ont porté à la fois.

L'année dernière, neuf bœufs charolais avaient été gracieusement mis à ma disposition par un des éleveurs les plus réputés de la Nièvre, M. Maringe, mon collègue au Conseil supérieur de l'agriculture.

Mais, pour la campagne actuelle, je devais me placer dans des conditions plus générales. M. Viger, alors Ministre de l'agriculture, qui a bien voulu donner à cette entreprise tout son appui, avait pensé, et avec raison, qu'il convenait de faire porter l'expérience nouvelle sur des animaux de races différentes.

Ce devenait alors une difficulté grande que d'aller choisir ces animaux dans des régions différentes aussi, et j'aurais été, certes, fort embarrassé pour surmonter cette difficulté, si M. Eugène Tainturier, marchand boucher en gros à Paris, ne m'avait, en cette circonstance, offert un concours absolument désintéressé.

Refusant toute indemnité pour ce concours, abandonnant même à l'expérience le bénéfice pécuniaire qu'elle devait produire, M. E. Tainturier a bien voulu mettre à ma disposition les animaux nécessaires à la nouvelle expérience que j'entreprenais.

M. le Ministre de l'agriculture avait exprimé le désir de voir ces animaux figurer, en 1895, au Concours général agricole ; ceux-ci, dès lors, devaient être choisis avec un soin particulier et posséder non seulement une aptitude bien franche à l'alimentation, mais encore les formes pures et caractéristiques de leur race.

C'est dans ces conditions que les bœufs dans la ration desquels la pomme de terre allait jouer un rôle dominant m'ont été confiés par M. E. Tainturier.

Ces bœufs étaient au nombre de neuf : trois d'entre eux appartenaient à la race charolaise, trois autres à la race durham-mancelle, les trois derniers à la race limousine. Leur poids, comme je l'indiquerai tout à l'heure, variait de 800 à 1 025 kilogr. par tête.

Quant aux moutons que, de même, je me proposais de soumettre à l'alimentation par la pomme de terre, ils ont été, comme en 1893-1894, choisis simplement parmi les animaux qui composent le troupeau de la ferme de la Faisanderie. C'étaient des moutons de race solognote, du poids de 35 à 37 kilogr. environ.

Les opérations qui, dans l'ensemble, ont duré quatre-vingt-dix jours, du 7 novembre 1894 au 5 février 1895, ont été, pendant tout ce temps, placées sous la surveillance immédiate de M. Lachouille, régisseur de la ferme de la Faisanderie, que je ne saurais trop remercier de son dévouement, en face surtout des difficultés que nous créaient les grands froids de janvier et de février.

ALIMENTATION DES BŒUFS ; LEUR ENGRAISSEMENT

État des animaux.

C'est à la fin du mois d'octobre 1894 que sont arrivés à la ferme de la Faisanderie la plupart des bœufs que M. E. Tainturier avait bien voulu me confier. Ces animaux étaient généralement en très bel état; plusieurs même étaient déjà presque mûrs pour la boucherie, et l'on pouvait craindre que pour ceux-ci l'augmentation du poids vif ne fût forcément limitée. Cette crainte ne s'est pas réalisée et, grâce à l'emploi de la pomme de terre cuite, aucun des animaux mis en observation n'a, comme on le verra bientôt, fourni moins de 1 kilogr. d'augmentation de poids vif par jour. Il en a été ainsi, même pour les animaux les plus avancés, tandis que, pour les autres, cette augmentation s'est élevée, jusqu'à 1^{kg},800 et même 2 kilogr. par jour.

A l'arrivée à la ferme, bien entendu, ces animaux, pour les remettre des fatigues du voyage, ont été laissés quelques jours au repos, et c'est seulement le 7 novembre 1894 que l'emploi systématique de la pomme de terre à leur alimentation a commencé.

Pour six de ces animaux, la durée de cette alimentation a été de soixante et onze jours, la mise en route a eu lieu le 7 novembre 1894, l'expérience a pris fin le 16 janvier 1895.

Pour les trois autres, cette durée a été un peu différente, et j'en dois donner les raisons. Parmi les charolais, il en est un, le n° 1, que M. E. Tainturier n'a pu rencontrer que huit ou dix jours après les autres; la durée de l'alimentation n'a été, par suite, pour cet animal que de soixante-trois jours. Le n° 3, d'autre part, véritable animal de concours, dont l'engraissement à l'écurie avait été déjà poussé fort loin à l'aide d'une alimentation de choix, et qu'il semblait, par suite, presque impossible de faire prospérer encore, est resté plusieurs semaines sans progresser; habitué précédemment à une nourriture variée et abondante, il a d'abord dédaigné la ration de pomme de terre, et c'est seulement le 21 novembre qu'il a réellement commencé à s'alimenter; ses progrès ont été lents, et j'ai cru intéressant, par suite, de prolonger l'expérience à laquelle il était soumis. Cette expérience a continué jusqu'au 16 février, c'est-à-dire jusqu'au jour de l'admission des animaux au Palais de l'Industrie; elle a duré par conséquent quatre-vingt-cinq jours. Parmi les limousins, enfin, celui qui devait être rangé sous le n° 7 est arrivé dans un état de fatigue excessif; contusionné pendant le trajet, il est resté dix jours refusant toute alimentation (foin, betteraves ou pommes de terre); en crainte d'accident, j'ai cru devoir alors le remplacer, et la durée de l'expérience à laquelle son remplaçant a été soumis, du 28 novembre 1894 au 16 janvier 1895, s'est ainsi trouvée réduite à cinquante jours.

Quoi qu'il en soit, ces bœufs passés à la bascule le jour même de la mise en route accusaient les poids suivants :

Charolais	N° 1	930 kilogr.
	N° 2	970 —
	N° 3	1 025 —
Durham-manceaux	N° 4	765 —
	N° 5	837 —
	N° 6	832 —
Limousins	N° 7	878 —
	N° 8	745 —
	N° 9	825 —

Composition de la ration.

La ration distribuée à ces neuf bœufs est restée identique à elle-même pendant toute la durée de l'expérience.

Les résultats obtenus l'année dernière avaient, en effet, rendu tout tâtonnement inutile. Ils m'avaient appris d'abord qu'à l'alimentation des animaux de boucherie, il ne faut faire intervenir que des pommes de terre riches en fécule et plaisantes au goût. C'est pourquoi je me suis exclusivement adressé à la variété *Richter's Imperator;* d'autres variétés cependant auraient pu lui être substituées, mais sans avantage, je crois. Analysés à plusieurs reprises, les tubercules mis en consommation ont toujours accusé une richesse variant de 18 à 18.5 p. 100 de fécule et 2 p. 100 environ de matières azotées[1].

Sur l'état auquel ces tubercules devaient être distribués, aucune hésitation n'était permise à la suite des expériences de M. Cornevin sur l'alimentation des vaches laitières et du résultat que m'avait fourni en 1894 un premier essai sur l'alimentation des moutons. Ces tubercules ne devaient être offerts aux animaux qu'après cuisson. Cette cuisson, d'autre part, c'est, ainsi que l'expérience l'a démontré, à la vapeur et non par immersion dans l'eau bouillante qu'elle doit avoir lieu[2].

C'est à la vapeur, en effet, et en utilisant l'ingénieuse marmite mobile sur tourillons, que M. Egrot avait libéralement mise à ma disposition, qu'ont été traités par lots de 200 kilogr. les 25000 à 30000 kilogr. de pommes de terre qui dans l'ensemble ont été consommés à l'état cuit.

Ces pommes de terre cuites, la pratique de 1894 avait démontré qu'il convient d'en diviser la masse afin de la faire foisonner, de lui enlever sa trop grande plasticité et d'en rendre par conséquent la rumination facile. En 1894, c'est en additionnant la pomme de terre cuite du cinquième de son poids de menue paille que j'avais obtenu

---

1. Les pluies de l'automne ont généralement abaissé le titre des pommes de terre en 1894 ; ce titre aurait dû varier de 19 à 20 p. 100.

2. La cuisson au four semble également donner de bons résultats.

ce foisonnement, mais, obligé d'acheter cette menue paille (la ferme de la Faisanderie ne comprend pas la culture du blé), j'ai constaté l'an dernier qu'elle était presque toujours mélangée de balayures et de poussières qui souvent doivent introduire dans la ration des germes pathogènes dont il convient de redouter la présence pour la santé des animaux. D'autre part, c'est chose connue que la valeur alimentaire de cette menue paille est insignifiante.

Ces conditions m'ont conduit à simplifier dorénavant la composition de la ration.

A la menue paille j'ai substitué, et les faits ont montré que j'avais eu raison, une partie du foin destiné à compléter la ration alimentaire des animaux, en soumettant, bien entendu, préalablement à tout mélange, cette partie de foin à une division grossière au moyen du hache-paille. De telle sorte que pour la campagne actuelle c'est de pommes de terre cuites et de foin exclusivement que la ration des animaux s'est trouvée composée. A cette ration, en outre, venait s'adjoindre une petite proportion de sel, soit 30 gr. par tête et par jour.

Même à la fin de la campagne, au moment où l'appétit des animaux faiblissait, la composition de la ration n'a pas été changée ; je n'y ai fait intervenir aucun des adjuvants ordinaires de l'engraissement : tourteaux, farine d'orge, grains cuits, etc. Cette considération est importante à signaler, non seulement au point de vue physiologique, mais encore au point de vue du prix de revient de l'engraissement.

Les proportions de pommes de terre et de foin à distribuer aux animaux étaient faciles à déduire des expériences de 1894. Celles-ci ont démontré que pour des bœufs de 800 à 1000 kilogr. c'est chose inutile que de dépasser une consommation de 25 kilogr. de pommes de terre par tête et par jour ; au delà, le gain en poids vif est faible, le rendement en viande nette diminue, tandis que la dépense augmente sans profit.

Quant au foin, la quantité distribuée aux bœufs en 1893-1894 n'avait pas dépassé 7^{kg},500 par tête et par jour, mais, par suite de la suppression de la menue paille, il convenait, en 1894-1895, d'augmenter cette quantité ; je l'ai portée à 9 kilogr., le tiers environ étant passé au hache-paille pour être mélangé à la pomme de terre cuite, les deux autres tiers étant donnés en bottes déliées, aussitôt achevée la consommation du mélange de pommes de terre et de foin.

En somme, la ration journalière de chaque bœuf était ainsi composée :

Pommes de terre cuites	25^{kg},000	en mélange.
Foin haché.	3 ,000	
Sel.	0 ,030	
Foin en bottes	6 ,000	

La ration était, d'autre part, répartie en trois repas : à six heures du matin, à onze heures et à cinq heures du soir.

La préparation du mélange est, ainsi que je l'ai indiqué déjà, des plus simples ; aussitôt la pomme de terre bien éclatée et bien cuite, on abat la marmite sur ses tourillons ; les tubercules farineux tombent dans un panier ; à la pelle, on en prend 25 à 30 kilogr. qu'on jette dans un cuvier bas ; sur cette première couche de pommes de terre, on étend 3 kilogr. de foin haché avec un peu de sel, puis sur ce foin un second lit de pommes de terre, que de même on recouvre de foin, et ainsi de suite jusqu'à ce que le cuvier soit à peu près plein. A la fourche alors ou à la pelle, la masse tout entière est brassée et le mélange enfin, formé de foin haché et de pommes de terre à demi écrasées, est abandonné vingt-quatre heures au repos sans qu'il soit nécessaire de réduire les tubercules en bouillie.

Une légère fermentation se produit alors, le mélange acquiert une odeur agréable, et les animaux s'en montrent friands à ce point qu'en fin de campagne, alors que leur engraissement touchait à sa fin, c'est le foin en bottes qu'ils délaissaient et non le mélange de pommes de terre et de foin.

Telle est la ration dont les bœufs mis en expérience au mois de novembre 1894 ont été nourris jusqu'au 16 janvier 1895 : c'est à l'emploi exclusif de cette ration que sont dus les remarquables résultats que la pesée et l'abatage des animaux ont permis de constater cette année.

Je m'étais proposé de pousser l'expérience plus loin et de n'y mettre fin qu'au moment de l'ouverture du Concours général ; à la ration ci-dessus, je comptais adjoindre alors 2 kilogr. de tourteaux d'arachide par tête et par jour.

Mais, d'une part, l'engraissement s'est produit, pour la plupart des animaux, avec plus de rapidité que je ne pensais : dès le 16 janvier, ceux-ci étaient à point et considérés par les personnes compétentes comme mûrs pour la boucherie ; d'une autre, les grands froids de la fin de janvier et du commencement de février auraient apporté, dans une écurie aussi imparfaitement close que celle de la ferme, un obstacle presque insurmontable à un nouvel accroissement.

J'ai dû me contenter alors d'entretenir, aussi bien que possible, les animaux, de façon à les présenter au Concours général tels qu'ils étaient au moment où l'expérience a été arrêtée, c'est-à-dire le 16 janvier.

De quinzaine en quinzaine, les neuf bœufs étaient individuellement passés à la bascule.

Pendant toute la durée de l'alimentation, aucun accident ne s'est produit, aucun bœuf n'a été malade, et toujours on a vu la bande entière manifester pour le mélange de pommes de terre cuites et de foin le goût le plus prononcé. Comme toujours, bien entendu, on a constaté dans l'appétit des animaux certaines inégalités, mais, dans l'ensemble, cet appétit a été excellent.

Augmentation du poids vif.

Nourris dans les conditions qui viennent d'être exposées, recevant, après chaque repas, de l'eau à discrétion, les bœufs des trois races mises en expérience ont, malgré l'état d'avancement qu'ils présentaient au début de celle-ci, fourni en poids vif des augmentations remarquables.

Pour faire comprendre l'importance de cette augmentation, j'indiquerai dans le tableau ci-après et pour chaque animal de chaque race : 1° le temps écoulé d'une pesée à la pesée suivante ; 2° le poids constaté à chaque pesée ; 3° l'accroissement correspondant au temps écoulé d'une pesée à la pesée suivante.

Les résultats partiels seront ensuite totalisés.

Bœufs.

Accroissement progressif du poids vif.

DATES DES PESÉES.	TEMPS écoulé.	POIDS.	GAIN ou PERTE	TEMPS écoulé.	POIDS.	GAIN ou PERTE.	TEMPS écoulé.	POIDS.	GAIN ou PERTE.
	jours.	kilogr.	kilogr.	jours.	kilogr.	kilogr.	jours.	kilogr.	kilogr.
					Charolais.				
	N° 1.			N° 2.			N° 3.		
7 nov. 1894 .	»	»	»	»	970	»	»	»	»
14 nov. 1894 .	»	930	»	»	»	»	»	»	»
21 nov. 1894 .	7	956	26	15	1 002	32	»	1 025	»
4 déc. 1894 .	13	1 013	57	13	1 050	48	13	1 055	30
19 déc. 1894 .	15	1 024	11	15	1 021	—29	15	1 050	— 5
2 janv. 1895[1].	14	»	»	14	»	»	14	»	»
16 janv. 1895.	14	1 061	37	14	1 075	54	14	1 080	30
14 févr. 1895.	»	»	»	»	»	»	29	1 110	31
Totaux. .	63		131	71		105	85		86
					Durham-manceaux.				
	N° 4.			N° 5.			N° 6.		
7 nov. 1894 .	»	765	»	»	837	»	»	832	»
21 nov. 1894 .	15	799	34	15	857	20	15	835	3
4 déc. 1894 .	13	861	62	13	899	42	13	861	26
19 déc. 1894 .	15	870	9	15	900	1	15	886	25
2 janv. 1895[1].	14	»	»	»	»	»	»	»	»
16 janv. 1895.	14	840	—30	14	933	33	14	919	33
Totaux. .	71		75	71		96	71		87

1. Les pesées du 2 janvier 1895 ont dû être supprimées à cause de la neige et du froid.

DATES DES PESÉES.	TEMPS écoulé.	POIDS.	GAIN ou PERTE.	TEMPS écoulé.	POIDS.	GAIN ou PERTE.	TEMPS écoulé.	POIDS.	GAIN ou PERTE.
	jours.	kilogr.	kilogr.	jours.	kilogr.	kilogr.	jours.	kilogr.	kilogr.
				Limousins.					
	N° 7.			N° 8.			N° 9.		
7 nov. 1894 .	»	878	»	»	»	»	»	825	»
21 nov. 1894 .	15	899	21	»	»	»	15	829	4
28 nov. 1894 .	»	»	»	»	745	»	»	»	»
4 déc. 1894 .	13	944	45	7	800	55	13	866	37
19 déc. 1894 .	15	967	23	15	804	4	15	878	12
2 janv. 1895[1].	14	»	»	14	»	»	14	»	»
16 janv. 1895.	14	1 010	43	14	833	29	14	902	24
Totaux. .	71		132	50		88	71		77

1. Les pesées du 2 janvier 1895 ont dû être supprimées à cause de la neige et du froid.

L'appréciation des résultats inscrits au tableau qui précède sera rendue plus facile si, laissant de côté les pesées successives et les accroissements progressifs, on rapproche seulement l'une de l'autre la pesée initiale et la pesée finale, pour, de leur comparaison, déduire d'abord l'augmentation totale du poids vif pour chaque animal, ensuite l'augmentation moyenne par tête et par jour.

C'est ce que j'ai fait dans le tableau suivant :

DÉSIGNATION.		DURÉE de l'alimentation.	POIDS final.	POIDS initial.	AUGMENTATION du poids vif totale.	AUGMENTATION du poids vif par jour.
		jours.	kilogr.	kilogr.	kilogr.	kilogr.
Charolais.	N° 1.	63	1 061	930	131	2 079
	N° 2.	71	1 075	970	105	1 464
	N° 3.	85	1 110	1 024	86	1 010
Durham-manceaux.	N° 4.	71	840	765	75	1 056
	N° 5.	71	933	837	96	1 352
	N° 6.	71	919	832	87	1 225
Limousins	N° 7.	71	1 010	878	132	1 858
	N° 8.	50	833	745	88	1 760
	N° 9.	71	902	825	77	1 084
Totaux.		624	8 623	7 806	877	1 405

Rapportées au poids initial des animaux, les augmentations totales ci-dessus constatées représentent, en centièmes de ce poids, les proportions suivantes :

DÉSIGNATION.		DURÉE de l'alimentation.	POURCENTAGE de l'augmentation du poids vif.
—		—	—
		jours.	p. 100.
Charolais	N° 1	63	14.0
	N° 2	71	10.8
	N° 3	85	8.4
Durham-manceaux	N° 4	71	9.8
	N° 5	71	11.4
	N° 6	71	10.4
Limousins	N° 7	71	15.0
	N° 8	50	11.5
	N° 9	71	9.3

Pour estimer à leur juste valeur les résultats fournis, au point de vue de l'augmentation du poids vif, par l'emploi systématique de la pomme de terre à l'alimentation, il ne serait pas équitable, cependant, de considérer en bloc les neuf résultats inscrits au tableau qui précède; pour des raisons diverses, trois des animaux qui les ont fournis doivent être regardés comme ayant présenté, au point de vue général de l'engraissement, des conditions anormales.

Il en est ainsi, par exemple, du bœuf charolais inscrit sous le n° 3. J'ai précédemment fait remarquer que ce bœuf était arrivé à la ferme déjà presque à point, pesant 1 025 kilogr., en un état d'avancement tel qu'il semblait bien difficile d'en accroître le poids. Aussi est-ce un résultat particulièrement remarquable que d'avoir obtenu chez cet animal, à l'aide de la ration simple de pommes de terre et de foin, une augmentation de poids vif de $1^{kg},010$ par jour pendant quatre-vingt-cinq jours; mais ce résultat est exceptionnel, et, dans une étude d'ensemble, il serait excessif de le faire entrer en ligne de compte.

Le bœuf durham-manceau inscrit sous le n° 4, d'autre part,

a montré généralement un appétit d'une irrégularité singulière. Pendant deux ou trois jours, il mangeait gloutonnement, puis son appétit s'arrêtait brusquement, pour reprendre quelques jours plus tard. Dans les conditions de la pratique agricole, cet animal n'eût certainement pas dû continuer à faire partie de l'écurie, la limite de son engraissement semblait, en effet, atteinte dès le début de l'expérience : il m'a paru intéressant, cependant, de le conserver comme terme de comparaison, quitte à le distraire au dernier moment de la bande mise en expérience. On verra plus tard que son rendement en viande nette a été, malgré tout, satisfaisant.

Pour une raison différente, le bœuf limousin n° 9 ne saurait être considéré comme ayant montré, au point de vue de l'alimentation, des qualités normales. Très beau de formes, ce bœuf, dont la ration était toujours rapidement dévorée, ne profitait pas, et, comme le précédent, il aurait dû, dès la fin de décembre, cesser de faire partie de l'écurie, mais il était trop tard alors pour le remplacer, et j'ai cru devoir le conserver.

Cette décision a, du reste, été malheureuse; c'est ce bœuf, en effet, qui, le 16 janvier, à l'entrée du Concours général agricole, s'échappant des mains des bouviers, a entrepris à travers les quais de la rive droite une course folle qui, du Palais de l'Industrie, l'a conduit jusqu'au Pont-Neuf; des accidents graves en sont résultés, en même temps qu'une dépréciation importante de la viande nette fournie par l'abatage de cet animal.

En réalité, c'est sur six animaux seulement, considérés comme présentant des qualités normales, c'est-à-dire aptes à recevoir un engraissement régulier et complet, qu'il convient de faire porter l'examen des résultats constatés en 1894-1895, au point de vue de l'augmentation de poids vif par l'alimentation à la pomme de terre et au foin mélangés. Ces animaux, ce sont les charolais n°s 1 et 2, les durham-manceaux n°s 5 et 6, les limousins, n°s 7 et 8.

Pour rendre ces résultats saisissants, il suffira de réunir dans un tableau définitif les principales données développées dans les tableaux précédents ; c'est ce que je ferai ci-après :

DÉSIGNATION.		Augmentation du poids vif totale.	Augmentation du poids vif par jour.	Augmentation du poids vif en centièmes du poids initial.
—		—	—	—
		kilogr.	kilogr.	p. 100.
Charolais	N° 1. . .	131	2,079	14.0
	N° 2. . .	105	1,464	10.8
Durham-manceaux. .	N° 5. . .	96	1,352	11.4
	N° 6. . .	87	1,225	10.4
Limousins.	N° 7. . .	132	1,858	15.0
	N° 8. . .	88	1,760	11.5
Moyenne			1,628	11.8

Des chiffres qui précédent, il résulte que, malgré l'état d'avancement qu'avaient atteint déjà quelques-uns d'entre eux lors de leur arrivée à la ferme, les bœufs qui s'y sont présentés en conditions normales ont fait un large profit de la ration de pomme de terre et de foin qui leur était servie.

Leur poids vif a augmenté chaque jour d'une quantité qui, comprise entre les chiffres 1kg,225 et 2kg,079 comme extrêmes, est restée moyenne à 1kg,628 ; on ne saurait, étant donnée la simplicité de la ration, demander des résultats plus satisfaisants.

Il m'a semblé intéressant de comparer ces résultats à ceux que m'avaient fournis, en 1893-1894, les trois bœufs charolais nourris pendant 81 jours (au lieu de 71) à la ration normale. Ces résultats avaient été les suivants :

DÉSIGNATION.		Augmentation du poids vif totale.	Augmentation du poids vif par jour.
—		—	—
		kilogr.	kilogr.
Charolais	N° 9.	99	1,222
	N° 8.	92	1,142
	N° 2.	132	1,629
Moyenne.			1,297

Il suffit de comparer alors l'augmentation moyenne du poids vif à la suite de l'une et l'autre campagne pour reconnaître, à ce premier point de vue déjà, la supériorité des résultats actuels sur ceux de l'année dernière. Entre les unes et les autres existe, en effet, une différence de $1^{kg},628 - 1^{kg},297 = 0^{kg},330$ par tête et par jour, au bénéfice de la campagne 1894-1895.

La détermination du rendement en viande nette, que nous fixerons bientôt, rendra cette supériorité plus frappante encore.

ALIMENTATION DES MOUTONS ; LEUR ENGRAISSEMENT

État des animaux.

En abordant pour la deuxième fois la recherche des résultats fournis par l'application systématique de la pomme de terre à l'alimentation des moutons, bien fixé par mes recherches précédentes sur les avantages que cette application présente par rapport à l'emploi d'autres fourrages, de la betterave par exemple, je me suis proposé pour but, d'abord de contrôler les résultats que j'ai fait connaître l'an dernier, en second lieu de comparer, sous le rapport du bénéfice qu'ils peuvent tirer de cette alimentation, des animaux d'âges différents, en dernier lieu enfin, de faire une constatation plus développée que je n'avais pu le faire en 1893-1894 de l'infériorité qui, vis-à-vis de l'emploi de la pomme de terre cuite, caractérise l'emploi de la pomme de terre crue.

J'ai dans ce but, et avec l'aide de M. Lachouille, régisseur de la ferme de la Faisanderie, choisi, dans le troupeau qui y est entretenu pour les besoins de l'École d'Alfort, trente moutons, aussi semblables que possible de poids et de taille, qui ont été répartis en trois lots.

Le premier de ces lots comprenait dix moutons de trois ans, le poids du lot entier était, au début des opérations, c'est-à-dire le 7 novembre 1894, de 357 kilogr., soit $35^{kg},700$ par tête, en moyenne.

Le second comprenait dix moutons de quatre ans; le poids du lot entier était, à la même époque, de 359 kilogr., soit 35^{kg},900 par tête, en moyenne.

Ces deux lots (n°s 1 et 2) étaient destinés à recevoir comme ration des pommes de terre cuites et du foin.

Le troisième lot comprenait dix moutons, mélangés par parties égales d'animaux de trois et de quatre ans; le poids du lot entier était de 376 kilogr., soit 37^{kg},600 par tête, en moyenne.

Ce dernier lot (n° 3) était destiné à recevoir comme ration des pommes de terre crues et du foin.

Tous ces animaux étaient en parfait état de santé, d'un appétit excellent, et dans aucun des trois lots on n'a constaté d'accident pendant toute la durée de l'expérience.

Commencée le 7 novembre 1894, celle-ci a pris fin le 6 février 1895 ; elle a duré par conséquent 90 jours, sans aucune interruption, et s'est poursuivie pour les trente animaux mis en observation avec une régularité parfaite.

Composition des rations.

Les observations faites à la suite de la campagne 1893-1894 doivent être considérées comme ayant fixé la quantité de tubercules que le cultivateur peut utilement distribuer à ses moutons.

Cette quantité, c'est entre 2 kilogr. et 3 kilogr. par tête que la pratique conseille de la prendre ; c'est à 2^{kg},500 que j'ai cru devoir la fixer.

En 1893-1894, j'avais, pour les moutons comme pour les bœufs, eu recours à la menue paille pour obtenir de la pomme de terre une division qui en rendît la rumination facile.

En 1894-1895, j'ai, pour les moutons comme pour les bœufs, renoncé à l'emploi de ce fourrage à peu près sans valeur et l'ai remplacé par une partie du foin qui, dans la ration alimentaire, doit venir s'adjoindre à la pomme de terre cuite ou crue.

Les quantités de fourrage autre que la pomme de terre distribuées aux moutons s'élevaient, en 1893-1894, à 0^{kg},500 de menue paille et 0^{kg},750 de foin par tête. A ce mélange, j'ai, en 1894-1895, substitué simplement et pour les raisons précédemment énoncées $0^{kg},900$ de foin, dont $0^{kg},300$, après avoir été passés au hache-paille, ont été avec 3 gr. de sel par tête, mélangés aux $2^{kg},500$ de pommes de terre que chaque animal devait recevoir, dont le reste ensuite a été distribué en nature à la fin de chaque repas.

En réalité, la ration délivrée aux moutons a été composée dans les mêmes proportions que la ration délivrée aux bœufs ; mais la quantité, étant donné le grand appétit de ces animaux, a été beaucoup plus grande proportionnellement à leur poids vif; elle a aussi, comme nous le verrons bientôt, déterminé une augmentation de ce poids relativement beaucoup plus considérable.

Pour les deux premiers lots destinés à recevoir la pomme de terre cuite, la ration, en somme, a été, par tête et invariablement pendant toute la durée de l'alimentation, la suivante :

Pomme de terre cuite.	$2^{kg},500$	en mélange.
Foin haché	0 ,300	
Sel.	0 ,003	
Foin en bottes.	0 ,600	

Sur le procédé suivi pour la préparation du mélange, il est inutile que j'insiste ; ce procédé a été décrit en détail à propos de la composition de la ration des bœufs.

Pour le troisième lot destiné à recevoir la pomme de terre crue, la ration a été composée d'une façon identique ; elle comprenait par tête et par jour :

Pomme de terre crue	$2^{kg},500$	en mélange.
Foin haché	0 ,300	
Sel	0 ,003	
Foin en bottes.	0 ,600	

Les pommes de terre étaient d'abord taillées au coupe-racines, puis la cossette ainsi obtenue était mélangée à la fourche avec le foin haché, et le mélange enfin distribué en cet état.

Comme pour les bœufs, la répartition en trois repas par jour a été adoptée.

J'ajoute enfin que les trois lots étaient parqués côte à côte dans la même bergerie et soumis aux mêmes conditions d'entretien.

De quinzaine en quinzaine chaque lot était passé à la bascule.

Augmentation du poids vif.

L'augmentation du poids vif, déterminée par l'emploi continu et sans changement aucun de la ration qui vient d'être indiquée, a été considérable et remarquable surtout par la progression régulière qu'elle a suivie ; cette régularité est aisée à constater sur le tableau ci-dessous qui résume l'ensemble complet des résultats et dans lequel sont consignés pour chaque lot :

1° Le temps écoulé entre deux pesées consécutives ;

2° Le poids constaté à chaque pesée ;

3° L'augmentation du poids vif, réalisée entre deux pesées consécutives.

Moutons.

Accroissement progressif du poids vif.

DATE DES PESÉES.	TEMPS écoulé.	ALIMENTATION A LA POMME DE TERRE					
		CUITE.				CRUE.	
		10 moutons de 3 ans.		10 moutons de 4 ans.		10 moutons de 3 à 4 ans.	
		Poids.	Gain.	Poids.	Gain.	Poids.	Gain.
	jours.	kilogr.	kilogr.	kilogr.	kilogr.	kilogr.	kilogr.
7 novembre 1894	»	357	»	359	»	376	»
21 novembre 1894	15	404	47	399	40	408	32
4 décembre 1894	13	428	24	434	35	437	29
19 décembre 1894	15	450	22	457	23	451	14
2 janvier 1895 [1].	14	»	»	»	»	»	»
16 janvier 1895	14	490	40	487	30	488	37
6 février 1895	19	521	31	515	28	517	29
Totaux.	90		164		156		141

1. La pesée du 2 janvier 1895 a dû être supprimée à cause du froid et de la neige.

Appliqués individuellement à chacun des animaux des trois lots, ces résultats se traduisent par les chiffres suivants :

Augmentation du poids vif par tête.

DÉSIGNATION.		AUGMENTATION totale.	AUGMENTATION par jour.
—		—	—
		kilogr.	kilogr.
Moutons du	1er lot	16,400	0,182
	2e lot.	15,600	0,173
	3e lot.	14,100	0,156

Si, enfin, dans le but de rendre l'augmentation en poids vif de chaque lot plus frappante, on calcule le pourcentage de cette augmentation par rapport au poids initial, on obtient les résultats ci-dessous :

DÉSIGNATION.	POIDS initial.	AUGMENTATION totale.	AUGMENTATION en centièmes du poids initial.
—	—	—	—
	kilogr.	kilogr.	p. 100.
1er lot	357	164	45.9
2e lot.	359	156	43.4
3e lot.	376	141	39.3

L'augmentation du poids vif des moutons nourris à la pomme de terre cuite est donc considérable ; en 90 jours, des moutons du poids de 35kg,700 (premier lot) ont augmenté de 16kg,400 et ont atteint le poids de 52kg,100. L'augmentation de leur poids vif s'est donc élevée à près de la moitié (46 p. 100 du poids initial).

En 1893-1894, cette augmentation avait été beaucoup moindre. Si l'on considère, en effet, le deuxième lot de cette campagne, c'est-à-dire le lot nourri à la ration normale, on voit qu'en 116 jours, chaque mouton pesant en moyenne 34kg,550 avait atteint le poids de 46kg,440, ce qui représente une augmentation de 11kg,99 seulement, tandis qu'en 1894-1895, en 90 jours, c'est-à-dire en une période de 26 jours inférieure, des moutons d'un poids très voisin (35kg,700) ont gagné 16kg,400 ; la différence est, par tête, de 4kg,470 ; l'augmentation journalière est de 0kg,182 pour la campagne actuelle, elle n'était que de 0kg,103 pour la campagne précédente.

Évaluée en centièmes du poids initial, cette augmentation, pour le deuxième lot de 1893-1894, représente 34.8 p. 100 seulement; pour le premier lot de 1894-1895, elle représente 45.9 p. 100.

Cette grande supériorité des résultats obtenus pendant la campagne dernière trouve une explication toute naturelle dans la régularité de l'alimentation, dans la constance de la qualité des pommes de terre délivrées aux animaux; elle indique nettement au cultivateur la voie méthodique dont il ne doit pas s'écarter.

Sous le rapport de l'augmentation du poids vif, la différence entre les moutons de trois ans et les moutons de quatre ans est peu marquée; elle constitue néanmoins au détriment de ces derniers une infériorité de 0^{kg},800 par tête pour les 90 jours d'alimentation; mais c'est là une différence trop faible pour autoriser une conclusion quelconque.

C'était chose particulièrement intéressante que la comparaison entreprise cette année, sur deux lots importants de moutons, entre l'emploi de la pomme de terre cuite et l'emploi de la pomme de terre crue.

Trois moutons seulement avaient été en 1893-1894 mis en observation au point de vue de la solution de cette question et, dès lors, il convenait (c'est ce que j'ai fait) de n'indiquer qu'avec réserve les conséquences que semblaient, cependant, justifier les résultats constatés.

Ces conséquences, je les ai résumées alors en disant que « la pomme de terre crue, additionnée de foin, bien entendu, peut servir à l'entretien et mieux à l'engraissement des moutons, mais les résultats sont alors, dans une mesure importante, inférieurs à ceux auxquels aboutit l'emploi de la pomme de terre cuite [1].

Les observations de 1894-1895 ont apporté à cette manière de voir une confirmation expérimentale importante.

Si, en effet, on met en comparaison les deux lots n° 1 et n° 3, à chacun desquels la même ration en poids était délivrée, on constate que les premiers, qui recevaient la pomme de terre à l'état cuit, ont

1. *Bulletin du Ministère de l'agriculture*, 13e année, p. 498.

augmenté, par tête, de 16^{kg},400, tandis que les seconds, qui la recevaient à l'état cru, n'ont augmenté que de 14^{kg},100 ; la différence en moins est, pour ceux-ci, par tête et pour 90 jours, de 2^{kg},300 ; elle représente, par conséquent, 14 p. 100 de l'augmentation de poids vif réalisée par les premiers.

L'infériorité, constatée en 1893-1894, de la pomme de terre crue vis-à-vis de la pomme de terre cuite, au point de vue de l'augmentation du poids vif, se trouve ainsi nettement confirmée.

L'étude de la qualité des viandes abattues démontrera mieux encore cette infériorité.

RENDEMENT EN VIANDE NETTE DES BOEUFS ET DES MOUTONS

Si importante que soit, au point de vue de l'estime qu'il convient d'accorder à un système alimentaire, l'augmentation du poids vif que ce système détermine, bien plus importante, au même point de vue, est la considération du rendement en viande nette auquel il conduit.

Déjà, en 1893-1894, l'abatage des bœufs charolais, qui m'avaient été confiés par M. Maringe, avait permis de reconnaître que, sous ce rapport, la méthode alimentaire qui repose sur l'emploi systématique de la pomme de terre ne le cède à aucune autre.

Tandis que le rendement en viande nette des bœufs d'écurie nourris à la pulpe, même à la betterave, ne dépasse guère 53 à 56 p. 100 du poids vif constaté à la ferme, on a vu les *bœufs de pomme de terre*, nourris à la ration normale, fournir des rendements inattendus de 59.19 — 59.08 — 61.80, soit, en moyenne, 60.19 de viande nette p. 100 de poids vif constaté à la ferme également ; c'est le rendement des *bons bœufs d'herbe*.

De la même façon on a vu, l'année dernière, les moutons solognots, pris dans le troupeau de Joinville qui, dans les conditions ordinaires de leur alimentation, rendent en viande nette 39 à 41 p. 100, fournir, après 116 jours d'alimentation à la pomme de terre, un rendement moyen de 51.5 p. 100, rendement qui, pour certains animaux, s'est élevé jusqu'à 52.32 et même 54.02 p. 100.

Si remarquables que soient ces rendements, plus remarquables encore sont ceux que la régularité de l'alimentation, l'absence de tout tâtonnement, m'ont permis d'obtenir en 1894-1895.

C'est du rendement des bœufs que je m'occuperai d'abord; ce rendement, M. E. Tainturier a apporté à sa détermination un soin tout particulier; c'est sous sa surveillance directe que toutes les pesées ont été faites, et je ne saurais trop le remercier du concours précieux qu'il a bien voulu me prêter en cette circonstance.

C'est par les chiffres suivants que ces rendements se sont traduits :

DÉSIGNATION.		POIDS vif.	VIANDE nette.	RENDEMENT p. 100.
		kilogr.	kilogr.	
Charolais	N° 1	1 061	635	59.85
	N° 2	1 075	653	60.74
	N° 3	1 110	657	59.19
Durham-manceaux	N° 4	840	506	60.24
	N° 5	933	562	60.21
	N° 6	919	560	60.93
Limousins	N° 7	1 010	623	61.68
	N° 8	833	518	62.17
	N° 9	902	551	61.76

Ce sont là de très beaux rendements; ceux qu'ont donnés les limousins, surtout, doivent être considérés comme exceptionnels; ils dépassent de près de 2 p. 100 les meilleurs rendements obtenus en 1893-1894.

En me transmettant les chiffres qui les expriment, M. E. Tainturier, à l'opinion duquel une compétence reconnue donne tant de valeur, m'écrivait le 1er mars 1895 :

« En ce qui a trait au rendement, il est impossible d'obtenir de meilleurs résultats ; peu d'agriculteurs engraisseurs à l'écurie en obtiennent de semblables ; encore leur faut-il recourir à une alimentation qui coûte presque le double de celle que vous préconisez. La supériorité que présente, à ce point de vue, le système d'engraissement à la pomme de terre n'est pas le seul avantage que l'on en tire. Il convient aussi, au point de vue économique, de tenir compte de la qualité supérieure de la viande, qualité qui assure à celle-ci une faveur considérable et une plus-value certaine sur la viande fournie par l'alimentation à la pulpe ou à la betterave. »

C'est donc une conclusion plus ferme encore que celle à laquelle m'avaient conduit mes premiers essais, en 1893-1894, que les essais de 1894-1895 m'autorisent à formuler.

La pomme de terre fourragère, riche en fécule et en matières azotées, cuite et associée au foin dans les proportions précédemment indiquées, constitue, pour les animaux de race bovine, une ration alimentaire de premier ordre ; employée systématiquement, elle détermine des augmentations de poids vif de $1^{kg},500$ à 2 kilogr. chez les bêtes de grande taille et conduit à des rendements en viande nette tout à fait remarquables qui, généralement voisins de 60 p. 100, s'élèvent, en certains cas, jusqu'à 62 p. 100 du poids vif.

La valeur de la pomme de terre fourragère est plus grande encore pour la race ovine, et c'est ce qu'aura bientôt démontré l'étude du rendement en viande nette des moutons nourris à la bergerie de la ferme de la Faisanderie en 1894-1895.

C'est par M. Fouquet, marchand boucher en gros à Vincennes, dont j'avais pu déjà, en 1893-1894, apprécier l'exactitude, que ces rendements ont été déterminés. Trois moutons de chaque lot, tondus au préalable, ont été successivement abattus, et leur abatage a fourni, en viande nette, les chiffres suivants :

Rendement des moutons en viande nette.

DÉSIGNATION.		POIDS vif.	VIANDE nette.	RENDEMENT en centièmes.	MOYENNE du lot.
		kilogr.	kilogr.	p. 100.	p. 100.
Alimentation à la pomme de terre cuite.	1er lot : Moutons de 3 ans.	52,0	28,0	53.84	52.87
		44,0	22,5	51.13	
		54,0	28,5	52.77	
	2e lot : Moutons de 4 ans.	47,0	26,5	56,38	55,12
		46,0	25,0	54.34	
		43,0	23,5	54.65	
Alimentation à la pomme de terre crue.	3e lot : Moutons de 3 et 4 ans.	44,0	23,5	53.40	52.90
		46,0	25,0	54.34	
		56,9	29,0	50.97	

Ces rendements sont, relativement, aussi beaux que ceux fournis, dans les mêmes circonstances, par les bœufs ; ils dépassent de plusieurs centièmes les rendements habituels des moutons de bonne qualité.

Pour les moutons âgés de quatre ans notamment, ils atteignent des chiffres que l'on rencontre rarement et apportent ainsi une preuve saisissante des qualités alimentaires de la pomme de terre fourragère.

L'identité complète des rendements fournis par les moutons du premier et du troisième lot est intéressante à considérer. Elle montre que si, au point de vue de l'augmentation du poids vif, l'emploi de la pomme de terre crue a donné des résultats inférieurs, cet emploi n'a cependant pas influé sur le rendement en viande nette. Ce serait une erreur, cependant, que de considérer cet emploi comme avantageux ; la haute qualité des viandes provenant des moutons engraissés à la pomme de terre cuite ne se retrouve pas chez les moutons nourris à la pomme de terre crue.

Qualité de la viande. — Déjà, en 1893-1894, j'ai eu occasion de signaler l'excellence de cette qualité. A la viande des bœufs, comme à celle des moutons, les personnes compétentes avaient reconnu une finesse et une succulence remarquables.

En 1894-1895, ce jugement a été confirmé par tous ceux qui ont été en situation de déguster les viandes des animaux engraissés à la ferme de la Faisanderie pendant la campagne dernière.

A la suite du concours général agricole, les six bœufs qui avaient figuré au Palais de l'Industrie, comme aussi les trois autres que, faute de place, il avait fallu laisser à la ferme, ont été cédés par leur propriétaire, M. E. Tainturier, à six des principaux bouchers de Paris. J'ai moi-même acquis, chez l'un d'eux, un certain nombre d'échantillons de la viande de ces bœufs, échantillons que j'ai offerts à quelques confrères, amis ou parents, en les priant, les uns et les autres, de bien vouloir m'en dire leur pensée. Tous ont unanimement reconnu que la viande des *bœufs de pommes de terre*, rôtie, grillée ou bouillie, se présente avec des qualités absolument supérieures ; c'est une viande de premier choix.

Si intéressante cependant que soit l'appréciation des personnes dont je viens de parler, bien plus importante est certainement l'opinion des négociants qui ont acheté et débité à leur clientèle les *bœufs de pommes de terre* qui leur avaient été cédés par M. Tainturier. A ces négociants, celui-ci avait demandé de bien vouloir lui adresser, par écrit, leur opinion sur la qualité des viandes qui en provenaient. Tous ont reconnu cette qualité comme excellente et je demande la permission de faire figurer dans ce mémoire un court extrait des lettres adressées par eux à M. Tainturier et que celui-ci a bien voulu me transmettre.

M. Delarue, rue Saint-Denis, 216, qui avait acheté trois des bœufs exposés, s'exprime ainsi : « Ces bœufs fournissent beaucoup de viande sans trop de graisse ; cette viande est douce et soyeuse au toucher, ainsi que persillée ; elle a, en un mot, tout ce qu'il faut pour présenter une qualité irréprochable. »

M. Millot, rue d'Auteuil, 31 : « Cette viande avait tout le persillé des meilleurs limousins, et ne laissait rien à désirer à l'œil et au toucher d'un connaisseur ; grillée, elle rendait beaucoup de jus et avait surtout un goût très agréable que l'on ne trouve pas, malheureusement, assez souvent dans nos meilleurs bœufs ; en résumé, ce bœuf représentait le maximum de qualité et le minimum de graisse ; le poids qu'il a pris, pendant la période d'observation, a été tout en viande et non en suif. »

M. Morin, rue Saint-Lazare, 104 : « La méthode par laquelle a été engraissé le bœuf que vous m'avez vendu répond au désir de la boucherie ; elle produit, en effet, beaucoup de viande de bonne qualité, sans beaucoup de graisse ; cette viande est douce au toucher, le persillé en est attrayant et agréable à l'œil du consommateur. »

M. P. Caucau, avenue de Villiers, 7 : « Avant de vous répondre, j'ai voulu avoir l'opinion de quelques-uns de mes clients, connus par moi comme très difficiles. Tous m'en ont fait des compliments et ont confirmé l'appréciation qu'à la vue j'avais faite de cette viande ; elle présente un persillé soyeux et fin, sans donner cette quantité de graisse que l'on rencontre trop souvent aujourd'hui. »

M. Millon, avenue de la Grande-Armée, 59 : « Ce bœuf est accompli sous tous les rapports. »

M. Bernard, boulevard Voltaire, 71 : « Le bœuf que je vous ai acheté est de première qualité, sans être gras ; la viande en est persillée comme celle du meilleur limousin et riche en jus. Je voudrais en avoir toujours de semblables à détailler. »

Ces fragments, extraits de lettres écrites par des praticiens expérimentés et chaque jour en contact avec la consommation, m'ont paru intéressants à reproduire. Ils montrent, en effet, quelle surprise a éprouvée le commerce de la boucherie de détail, en constatant les qualités inattendues de la viande fournie par les *bœufs de pommes de terre,* et aussi en quelle estime, dès aujourd'hui, cette viande est tenue.

Elle est bien persillée, soyeuse, douce au toucher, et les quantités de graisse qui l'accompagnent sont heureusement beaucoup moindres qu'on n'aurait pu le croire *a priori.* A la cuisson, ces qualités supérieures se traduisent par une succulence et un goût d'une finesse remarquable.

Cependant, et de l'avis de toutes les personnes qui ont dégusté la viande des moutons, la qualité de celle-ci est, s'il est possible, supérieure encore à celle des bœufs.

D'une couleur superbe, cette viande, à la cuisson, acquiert un parfum d'une grande finesse en même temps qu'une sapidité rare ; elle devient particulièrement tendre et laisse, sous le couteau, échapper un jus abondant.

De l'avis de tous, il est impossible de trouver une viande de mouton supérieure à celle *des moutons de pommes de terre.*

En résumé, soit que l'on considère l'augmentation du poids vif, soit que l'on se préoccupe du rendement en viande nette, soit que l'on s'attache à la qualité des produits, les faits observés en 1894-1895 non seulement confirment ceux que j'ai fait connaître en 1893-1894, mais encore apportent aux conclusions que j'ai tirées de ceux-ci plus de certitude et plus d'autorité.

Qu'il s'agisse de bœufs ou de moutons, en effet, on voit, du fait de l'alimentation systématique à la pomme de terre et au foin, les animaux augmenter de poids vif dans une proportion importante.

les rendements en viande nette dépasser les rendements ordinaires, la viande enfin acquérir des qualités de succulence et de finesse qui la placent au premier rang des produits de boucherie.

RECHERCHE DU PRIX DE REVIENT DES VIANDES DE BŒUF ET DE MOUTON FOURNIES PAR L'ALIMENTATION A LA POMME DE TERRE.

Les conditions de régularité dans lesquelles s'est poursuivie, en 1894-1895, la démonstration nouvelle que je désirais donner des avantages que présente l'emploi fourrager de la pomme de terre, rendent plus facile et plus précis qu'en 1893-1894 le calcul respectif des recettes et des dépenses correspondant à cet emploi.

L'année dernière, par suite des tâtonnements inévitables dans une première campagne, le calcul du bénéfice en argent, provenant de l'abatage des bœufs et des moutons, n'avait pu échapper à une incertitude relative ; ce bénéfice, d'autre part, et pour la même cause, pouvait être considéré comme un minimum.

Il devait en être autrement pour la campagne actuelle ; l'expérience de l'année dernière avait rendu tout tâtonnement inutile, et l'emploi continu, dans des conditions invariables, d'une ration simple et soigneusement calculée devait nécessairement aboutir à des bénéfices plus grands. Il en a été ainsi, et c'est sur les résultats de 1894-1895 que les agriculteurs, désireux d'appliquer à l'alimentation du bétail la méthode dont je m'attache, en ce moment, à démontrer les avantages, devront se guider.

C'est à établir le compte des bénéfices donnés par l'alimentation des bœufs de pomme de terre que je m'attacherai d'abord.

Parmi les éléments divers de ce compte, c'est le prix payé par la boucherie pour la viande nette qui joue le rôle prépondérant.

Dans les circonstances actuelles, ce prix a été différent, suivant la qualité des animaux, et, par suite, il devient nécessaire, pour établir le bilan général de l'entreprise, de considérer les produits et les dépenses personnelles à chacun des neuf bœufs mis en observation.

Au moment où l'abatage a eu lieu (c'est-à-dire vers le 20 février 1895), les bas prix caractéristiques de cette époque se maintenaient, et la viande de bœuf de belle qualité était payée alors (octroi non déduit) au prix de 1 fr. 60 c. le kilogramme. Pour la plupart des bœufs de pomme de terre, ce prix a été dépassé, et ce dépassement, à lui seul, alors même que feraient défaut les appréciations que j'ai résumées précédemment, suffirait à montrer qu'à la simple vue la viande de ces bœufs accusait tous les caractères des produits de qualité supérieure.

J'indique ci-dessous les prix par kilogramme auxquels le produit en viande nette de chacun de ces bœufs a été vendu à la boucherie de Paris.

Charolais	N° 1	1f,62c
	N° 2	1 ,60
	N° 3	1 ,60
Durham-manceaux	N° 4	1 ,68
	N° 5	1 ,64
	N° 6	1 ,72
Limousins	N° 7	1 ,72
	N° 8	1 ,74
	N° 9	1 ,56[1]

Il est inutile d'insister sur l'importance de cette plus-value ; pour un bœuf fournissant 600 kilogr. de viande nette, par exemple, si on la fixe à 0 fr. 12, elle représente, au total, une augmentation de valeur de 72 fr.

Les autres éléments, à cours variable, qui doivent concourir à fixer la valeur marchande de chaque animal, sont, d'une part, le cuir, d'autre part le suif; l'un et l'autre étaient, au mois de février 1895, cotés à des prix très bas: 88 fr. les 100 kilogr. pour les cuirs; 50 fr. les 100 kilogr. pour les suifs; ce sont ces prix que j'ai adoptés.

---

1. Le bas prix auquel cette viande a été payée s'explique par la dépréciation qu'elle a subie du fait de l'échauffourée de cet animal qui, s'échappant à l'entrée du Palais de l'Industrie, a été accablé de coups avant d'être repris.

Quant aux abats, la valeur moyenne en doit être comptée à 21 fr. par tête.

C'est à l'extérieur de Paris que s'appliquent les prix qui viennent d'être indiqués et par conséquent de la somme que représente leur ensemble, il convient, pour fixer le produit réel, en argent, de chaque bœuf, de déduire les droits d'octroi prélevés à l'entrée de la ville ; on sait qu'ils sont considérables.

Les dépenses à mettre en regard des recettes fournies par la vente des produits précédents comprennent : l'achat des bœufs, les frais d'alimentation et, enfin, les frais de menage, de taxe et d'abatage. Ceux-ci sont, d'une manière générale et en moyenne, estimés à 10 fr. par tête.

En ce qui concerne la valeur, au début de l'expérience, des bœufs sur pied, c'est, dans la circonstance présente, non pas d'après les cours établis au moment même de leur acquisition, mais d'après les cours en vigueur au moment de leur abatage qu'il faut la calculer.

Entre le prix des animaux sur pied, en effet, et celui de la viande abattue qu'ils fournissent, existe toujours, à un moment donné, un rapport à variations faibles, mais ce rapport restant sensiblement le même, on voit, suivant les cours, les prix des deux termes qui le déterminent varier simultanément dans des proportions souvent considérables.

Au mois d'octobre 1894, c'est-à-dire à l'époque où l'achat des bœufs a été fait par M. Tainturier, les animaux sur pied et les viandes abattues se traitaient en hausse ; au mois de février, les uns et les autres subissaient une forte baisse, au contraire.

Les recherches dont j'expose en ce moment les résultats, doivent naturellement rester en dehors de ces fluctuations, et c'est suivant les cours du même moment que doivent être fixées la valeur des animaux sur pied et celle des viandes abattues.

D'après M. E. Tainturier, c'est 0 fr. 85 le kilogramme seulement qu'il convient de fixer, au moment où les animaux ont été livrés à la boucherie, c'est-à-dire au milieu du mois de février 1895, la valeur des bœufs sur pied, et c'est, ainsi que je l'ai indiqué tout à l'heure, à

1 fr. 60 c. le kilogr. que répondait à la même époque la valeur de la viande abattue.

Quant aux dépenses d'alimentation, elles sont aisées à établir; tous les animaux, en effet, ont reçu la même ration pendant toute la durée des observations. Dans cette ration figure d'abord la pomme de terre que je compterai, comme l'année dernière, à 3 fr. 20 c. les 100 kilogr., ce qui, pour une récolte de 33 000 kilogr. (comme celle de Joinville en 1894), représente une recette brute de 1 056 fr. à l'hectare; puis le foin qui, acheté dans l'Yonne, transporté par chemin de fer, est revenu à 72 fr. 45 c. les 1 000 kilogr. en gare de Joinville-le-Pont; enfin, les frais de cuisson de la pomme de terre qui, ainsi que je l'ai établi l'année dernière, ne dépassent pas, avec l'appareil Egrot, 1 fr. 68 c. pour 1 000 kilogr.

A côté de ces dépenses, j'avais, l'année dernière, fait figurer l'achat de la paille employée comme litière; la difficulté de s'approvisionner alors en produits convenables pour le coucher des animaux et la production du fumier avaient rendu cette façon de compter nécessaire; mais en 1894-1895 j'ai pu compenser la dépense correspondant à l'achat de la paille-litière par la valeur du fumier produit. Pendant le séjour des bœufs à l'écurie, en y comprenant la période préparatoire et la période finale d'entretien, 7 000 kilogr. de paille à 43 fr. la tonne ont été employés comme litière, soit une dépense de 301 fr. (qui, d'ailleurs, était excessive), et de l'écurie, on a retiré 35 000 kilogr. de fumier riche qui, compté à 8 fr. la tonne, représente une valeur de 280 fr. On peut donc, pour simplifier les comptes, admettre que la dépense en paille équivaut au profit en fumier, que le fumier, en un mot, a payé la litière.

Ceci posé, il est facile de calculer le prix de la journée d'alimentation de chaque bœuf; ce prix s'établit ainsi :

25 kilogr. de pommes de terre à 3 fr. 20 c. le quintal .	0f,800
9 kilogr. de foin à 72 fr. 45 c. la tonne	0 ,652
Cuisson de 25 kilogr. (à 1 fr. 18 c. la tonne).	0 ,042[1]
Prix de la journée.	1f,494

1. La dépense en sel a été négligée.

En dehors de ces dépenses il faudrait considérer encore les frais de bouvier et les frais généraux, mais il est aisé de comprendre que dans les conditions limitées où mes recherches ont été conduites, c'est chose à peu près impossible que de déterminer l'importance de ces frais qui, en aucun cas, d'ailleurs, ne sauraient atteindre un chiffre assez élevé pour influer dans une mesure appréciable sur l'ensemble des résultats.

C'est à l'aide des données que je viens d'indiquer et dont je crois avoir justifié l'adoption qu'a été établi le compte : *produits, dépenses* et *bénéfices,* personnel à chacun des neuf bœufs alimentés à la pomme de terre et au foin pendant la saison d'hiver 1894-1895.

Ces comptes sont détaillés dans le tableau suivant.

	I.		II.		III.	
Charolais.						
Produits.						
Viande nette	624kg,5 à 1f,62.	1 011f,69	643 kil. à 1f,60.	1 023f,00	647 kil. à 1f,60.	1 035f,20
Cuir à 0 fr. 88	61 kilogr. . .	53 ,68	64kg,5	56 ,76	72kg,5. . . .	63 ,50
Suif à 0 fr. 50.	58 kilogr. . .	29 ,20	55 kilogr. . .	27 ,50	61 kilogr . .	30 ,50
Abats.	. . . .	21 ,00	. . . .	21 ,00	. . . .	21 ,00
Totaux	. . . .	1 115f,57	. . . .	1 133f,26	. . . .	1 150f,50
Octroi à déduire . . .	. . . .	74 ,44	. . . .	77 ,10	. . . .	77 ,58
Produit réel . . .	. . . .	1 040f,13	. . . .	1 056f,16	. . . .	1 072f,92
Dépenses.						
Achat à 0 fr. 85 le kilogr.	936 kilogr. . .	790f,50	970 kilogr. . .	824f,50	1 024 kilogr. .	870f,40
Journées à 1 fr. 491 . .	63 jours . . .	91 ,12	71 jours . . .	105 ,97	85 jours. . .	127 ,00
Frais d'abatage, etc. .	. . . .	10 ,00	. . . .	10 ,00	. . . .	10 ,00
Totaux	. . . .	894f,62	. . . .	910f,47	. . . .	1 007f,40
Récapitulation.						
Produits	. . . .	1 040f,13	. . . .	1 056f,16	. . . .	1 072f,29
Dépenses.	. . . .	891 ,62	. . . .	940 ,47	. . . .	1 007 ,40
Bénéfices.	. . . .	145f,51	. . . .	115f,69	. . . .	65f,52

	IV.		V.		VI.	
Durham-Manceaux.						
Produits.						
Viande nette	496 kil. à 1f,68.	833f,95	552kg,5 à 1f,61.	906f,10	550 kil. à 1f,72.	946f,00
Cuir à 0 fr. 88.	44 kilogr. . .	47 ,52	56kg,5	49 ,72	56 kilogr . .	49 ,28
Suif à 0 fr. 50.	55 kilogr. . .	27 ,50	59 kilogr. . .	29 ,50	62kg,5. . . .	31 ,25
Abats.	. . . .	21 ,00	. . . .	21 ,00	. . . .	21 ,00
Totaux	. . . .	929f,97	. . . .	1006f,32	. . . .	1047f,53
Octroi à déduire. . .	. . . .	59 ,52	. . . .	66 ,24	. . . .	66 ,00
Produit réel . . .	. . . .	870f,45	. . . .	940f,08	. . . .	981f,53
Dépenses.						
Achat à 0 fr. 85 le kilogr.	765 kilogr. . .	650f,25	837 kilogr. . .	711f,45	832 kilogr . .	707f,20
Journées à 1 fr. 494 . .	71 jours . . .	105 ,97	71 jours . . .	105 ,97	71 jours. . .	105 ,97
Frais d'abatage, etc. .	. . . .	10 ,00	. . . .	10 ,00	. . . .	10 ,00
Totaux	. . . .	766f,22	. . . .	827f,42	. . . .	823f,17
Récapitulation.						
Produits	. . . .	870f,45	. . . .	940f,08	. . . .	981f,53
Dépenses.	. . . .	766 ,22	. . . .	827 ,42	. . . .	823 ,17
Bénéfices.	. . . .	104f,23	. . . .	112f,66	. . . .	158f,36

	VII.		VIII.		IX.	
Limousins.						
Produits.						
Viande nette	613kg,5 à 1f,72.	1055f,00	510 kil. à 1f,74.	887f,40	541 kil. à 1f,56.	843f,95
Cuir à 0 fr. 88.	66 kilogr. . .	58 ,08	64 kilogr. . .	56 ,32	71 kilogr . .	64 ,92
Suif à 0 fr. 50.	75kg,5	37 ,75	62 kilogr. . .	31 ,00	57kg,5. . . .	28 ,75
Abats.	. . . .	21 ,00	. . . .	21 ,00	. . . .	21 ,00
Totaux	. . . .	1171f,83	. . . .	995f,72	. . . .	958f,62
Octroi à déduire. . .	. . . .	73 ,56	. . . .	61 ,14	. . . .	64 ,92
Produit réel . . .	. . . .	1098f,27	. . . .	934f,58	. . . .	893f,70
Dépenses.						
Achat à 0 fr. 85 le kilogr.	878 kilogr. . .	746f,30	745 kilogr. . .	633f,25	825 kilogr . .	701f,25
Journées à 1 fr. 494 . .	71 jours . . .	105 ,97	50 jours . . .	74 ,70	71 jours. . .	105 ,97
Frais d'abatage, etc. .	. . . .	10 ,00	. . . .	10 ,00	. . . .	10 ,00
Totaux	. . . .	862f,27	. . . .	717f,95	. . . .	817f,22
Récapitulation.						
Produits	. . . .	1098f,27	. . . .	934f,58	. . . .	893f,70
Dépenses.	. . . .	862 ,27	. . . .	717 ,95	. . . .	817 ,22
Bénéfices.	. . . .	236f,00	. . . .	216f,63	. . . .	76f,48

Les résultats qui précèdent, si l'on veut apprécier exactement les avantages que la pratique de l'engraissement doit retirer de l'emploi systématique de la pomme de terre, demandent à être étudiés individuellement. De cette étude on est bientôt amené à conclure, comme je l'ai déjà fait à propos de l'augmentation du poids vif, que trois des bœufs de la bande doivent être mis hors de compte. Ce sont :

1° Le charolais n° 1, qui, dès le début, était dans un état d'avancement trop grand ;

2° Le durham-manceau n° 4 dont l'état d'engraissement avancé rendait l'appétit irrégulier et qui, pour cette cause, aurait dû certainement être exclu d'une écurie ordinaire, mais dont le compte, cependant, se solde par un bénéfice de 104 fr. 23 c.

3° Le limousin n° 9 enfin, que son allure générale aurait fait exclure de même et dont les produits, d'autre part, ont perdu toute leur valeur à la suite de l'échauffourée dont j'ai parlé précédemment.

Ces éliminations faites, six animaux restent en compte, qui tous ont offert à l'engraissement des dispositions normales, qui tous se sont alimentés avec une régularité parfaite et qui tous, en fin de campagne, ont été amenés, sans accident aucun, à l'état le plus satisfaisant que la boucherie puisse désirer.

Il devient aisé alors d'apprécier l'importance des bénéfices réalisés par chaque race ; ces bénéfices, en effet, sont, individuellement, pour les charolais et les durham-manceaux, représentés par les sommes suivantes :

			MOYENNE.
Charolais.	N° 1.	145 fr.	130 fr.
	N° 2.	115	
Durham-manceaux. .	N° 5.	112	135
	N° 6.	158	

Ces bénéfices sont déjà notablement supérieurs à celui que des charolais tout semblables aux n°s 1 et 2 avaient donné en 1893-1894. A la suite de cette campagne, les charolais nourris à la ration normale de pommes de terre et de foin n'avaient, pour une période de 81 jours, donné que 104 fr. 83 c. de bénéfice par tête ; ce bénéfice pour la campagne 1894-1895 à la suite d'une période notablement moindre (71, 63 et même 50 jours) se présente en augmentation de 25 fr. 17 c., c'est-à-dire du quart environ pour les charolais, en augmentation de 30 fr. 17 c., c'est-à-dire de près du tiers pour les durham-manceaux.

Quant aux limousins, le bénéfice qu'ils ont donné atteint des proportions réellement surprenantes ; voici, en effet, les chiffres auxquels il s'élève :

			MOYENNE.
Limousins.	N° 7.	236 fr.	226 fr.
	N° 8.	216	

Double du bénéfice réalisé en 1893-1894, dépassant des trois quarts celui qu'ont donné, pour la campagne actuelle, les charolais et les durham-manceaux, ce gain démontre évidemment chez les animaux de la race limousine l'existence d'une aptitude toute spéciale à l'assimilation des principes nutritifs que la pomme de terre leur apporte. C'est à la qualité exceptionnelle de la viande qu'ils fournissent, viande qu'on a vendue 12 et 14 centimes par kilogr. au-dessus du cours, comme aussi à leur rendement considérable en viande nette qu'est due l'importance inattendue du bénéfice réalisé, dans ce cas, par l'alimentation à la pomme de terre et au foin.

L'avantage que ce mode d'alimentation présente au point de vue pécuniaire peut être rendu plus saisissant encore si, pour un instant, on suppose que le cultivateur, désireux de faire porter tout son revenu net sur la culture elle-même, s'abstient de demander à l'alimentation des animaux aucun bénéfice et fait figurer dans ses comptes la récolte de pommes de terre, non plus pour la somme de 3 fr. 20 c. seulement par 100 kilogr., mais pour la somme bénéficiaire totale que fournira la vente des produits de l'abatage des bœufs ; les prix théoriques auxquels il pourra payer alors la pomme de terre à son exploitation même seront pour chacun des neuf animaux tenus en observation cette année :

		VALEUR THÉORIQUE de la pomme de terre.	
		par 100 kilogr.	par hectare à 30000 kilogr.
Charolais	N° 1	12f,40	3 720 fr.
	N° 2	9 ,70	2 910
	N° 3	6 ,28	1 884
Durham-manceaux	N° 4	9 ,08	2 724
	N° 5	10 ,12	3 036
	N° 6	12 ,13	3 639
Limousins	N° 7	16 ,50	4 950
	N° 8	20 ,50	6 150
	N° 9	8 ,08	2 424

Je n'insisterai pas, sur ces chiffres ; bien entendu la considération sur laquelle ils sont basés est toute théorique; le compte d'une exploitation ne saurait être établi de cette façon ; il m'a semblé intéressant, cependant, de les produire, pour montrer combien sont grands les avantages qu'apporte à l'agriculture l'application systématique de la pomme de terre à l'alimentation du bétail.

Les détails dans lesquels je suis entré à l'occasion de l'établissement du compte des bénéfices réalisés par l'alimentation des bœufs à la pomme de terre et au foin me permettront d'abréger l'étude du compte qu'il convient d'établir également pour les moutons. Procédés et déductions sont, en effet, les mêmes dans l'un et l'autre cas.

Comme je l'ai fait tout à l'heure pour les bœufs, j'indiquerai d'abord quel a été le rendement en viande nette, en peaux, en suif et en laine des trois animaux abattus dans chaque lot.

Ce rendement correspond aux chiffres suivants :

TABLEAU.

DÉSIGNATION.	ALIMENTATION.								
	A LA POMME DE TERRE CUITE.						A LA POMME DE TERRE CRUE.		
	Moutons de 3 ans.			Moutons de 4 ans.			Moutons de 3 et 4 ans.		
	I.	II.	III.	I.	II.	III.	I.	II.	III.
	kilogr.	kilogr.	kilogr.	kilogr.	kilogr.	kilogr.	kilogr.	kilogr.	kilogr.
Poids vif (tondu). . . .	52,00	44,00	54,00	47,00	46,00	43,00	44,00	46,00	56,90
Viande nette	28,00	22,05	28,05	26,05	25,00	23,05	23,05	25,00	29,00
Peaux.	2,03	2,05	2,09	2,15	2,75	2,35	2,45	2,60	3,00
Suif.	3,06	2,06	2,05	4,20	2,50	2,20	2,85	2,70	3,05
Laine.	2,00	2,03	3,00	1,60	1,50	1,80	2,00	2,10	3,10
Rendement en viande nette	53,84	51,13	52,77	56,38	54,34	54,65	53,50	54,34	50,97
Moyenne. . .	52,87			55,12			52,90		

Dans l'établissement du compte-bénéfice de ces trois lots, c'est, naturellement, le prix de la viande nette qui joue le rôle prépondérant.

Ce prix n'a pas été le même pour les trois lots : pour les moutons nourris à la pomme de terre cuite, dont la viande était remarquable par sa finesse et sa succulence, le prix hors Paris (sans déduction par conséquent des droits d'octroi) a été fixé par M. Fouquet à 1 fr. 95 c. le kilogramme pour les moutons nourris à la pomme de terre cuite ; pour les moutons nourris à la pomme de terre crue, dont la viande ne dépassait pas en qualité les viandes ordinaires, ce prix a été fixé à 1 fr. 80 c.

Les peaux tondues ont été vendues au prix de 1 fr. 50 c. l'unité ; le suif au prix de 40 centimes seulement le kilogramme ; la laine au prix de 90 centimes le kilogramme.

Une proportion simple a permis ensuite d'établir, d'après le rendement des trois moutons abattus, les quantités de viande nette, de suif et de laine applicables à chaque lot entier.

La valeur des abats enfin, considérée comme identique dans tous les cas, a été fixée à 1 fr. par tête.

Quant aux dépenses, l'identité de la ration donnée aux moutons et aux bœufs me dispense de revenir, en détail, sur le prix des éléments dont elle était composée : pommes de terre, foin et cuisson des tubercules.

Je m'arrêterai seulement sur la question de la fixation de la valeur des moutons sur pied, valeur qui doit servir à établir le prix auquel leur achat aurait eu lieu s'ils n'avaient été pris simplement dans le troupeau de Joinville. Au moment où les animaux ont été sacrifiés, c'est-à-dire vers la fin de février, et où la viande nette fournie par leur abatage était estimée à 1 fr. 80 c. le kilogr. pour la qualité ordinaire, on voyait pratiquer pour les moutons sur pied, de qualité ordinaire également, le prix de 95 centimes le kilogramme.

C'est ce prix, par conséquent, qu'il convient de faire figurer, pour le prix d'achat, au compte des animaux ; ce compte s'établit alors ainsi :

Produits et dépenses des moutons alimentés à la pomme de terre.

DÉSIGNATION.	ALIMENTATION					
	A LA POMME DE TERRE CUITE.				A LA POMME DE TERRE CRUE.	
	1er lot. 10 moutons de 3 ans.		2e lot. 10 moutons de 4 ans.		3e lot. 10 moutons de 3 et 4 ans.	
	Produits.					
Viande nette	275^{kg},4 à 1^{f},95. .	537^{f},15	283^{kg},87 à 1^{f},95.	553^{f},34	273^{kg},5 à 1^{f},80.	492^{f},30
Peaux à 1^{f},50 l'une . .	. . . .	15 ,00	. . . .	15 ,00	. . . .	15 ,00
Suif à 0^{f},40 le kilogr. .	30^{kg},2	12 ,12	28^{kg},18.	11 ,27	31^{kg},90	12 ,76
Laine à 0^{f},90 le kilogr.	25^{kg},3	22 ,77	18^{kg},50.	16 ,65	25^{kg},37	22 ,83
Abats à 1 fr. l'un . . .	. . . .	10 ,00	. . . .	10 ,00	. . . .	10 ,00
Totaux.	. . . .	597^{f},02	. . . .	606^{f},76	. . . .	552^{f},89
	Dépenses.					
Achat à 0^{f},95 le kilogr.	357 kilogr. . .	339^{f},15	359 kilogr. . .	341^{f},00	376 kilogr. . .	357^{f},20
Pommes de terre à 3^{f},20 le quintal.	2 250 kilogr. . .	72 ,00	2 250 kilogr. . .	72 ,00	2 250 kilogr. . .	72 ,00
Foin à 72^{f},45 la tonne.	810 kilogr. .	58 ,68	810 kilogr. . .	58 ,68	810 kilogr. . .	58 ,68
Cuisson de pommes de terre.	. . . .	3 ,78	. . . .	3 ,78	. . . .	0 ,00
Frais d'abatage à 1 fr. .	. . . .	10 ,00	. . . .	10 ,00	. . . .	10 ,00
Totaux.	. . . .	483^{f},61	. . . .	485^{f},46	. . . .	497^{f},88
	Récapitulation.					
Produits	. . . .	572^{f},02	. . . .	606^{f},76	. . . .	552^{f},89
Dépenses.	. . . .	488 ,61	. . . .	485 ,46	. . . .	497 ,88
Bénéfice total. . .	. . . .	113^{f},41	. . . .	121^{f},30	. . . .	55^{f},01
Bénéfice par tête .	. . . .	11^{f},34	. . . .	12^{f},13	. . . .	5^{f},50

Si l'on compare le chiffre des bénéfices réalisés par l'alimentation des deux lots de moutons nourris à la pomme de terre cuite que ces tableaux indiquent, on remarque aussitôt que, sous ce rapport, il n'existe qu'une différence insignifiante entre les moutons de 3 et 4 ans. Les données précédentes expliquent aisément cette similitude. Pour les premiers, l'augmentation du poids vif a été plus grande que pour les seconds, mais pour ceux-ci le rendement en viande nette a été plus considérable, les deux données se compensent.

Mais pour les moutons nourris à la pomme de terre crue, c'est à peine si le bénéfice atteint la moitié de celui qu'ont réalisé les moutons nourris à la pomme de terre cuite.

S'élevant à 11 fr. 34 c. et 12 fr. 13 c. par tête pour ceux-ci, ce bénéfice ne dépasse pas 5 fr. 50 c. pour les premiers ; c'est à la moindre augmentation du poids vif et à l'infériorité de la qualité de la viande dont le prix n'a pas dépassé 1 fr. 80 c. que ce résultat est dû : le rendement en viande nette n'y a exercé aucune influence.

Comparé au bénéfice réalisé en 1893-1894 par l'alimentation à la pomme de terre cuite, le bénéfice réalisé en 1894-1895 représente plus du double de celui-ci ; le premier était de 5 fr. 50 c. par tête pour 116 jours d'alimentation à la ration normale, le second s'élève à 11 fr. 34 c. et 12 fr. 13 c. pour 90 jours.

C'est toujours aux mêmes causes que cette supériorité de la campagne actuelle doit être attribuée : absence de tâtonnements, régularité de l'alimentation, constance de la ration, etc.

Si, comme je l'ai fait tout à l'heure pour les bœufs, on suppose que le cultivateur, réservant tout son bénéfice à la culture, cherche à évaluer le prix auquel il pourrait, théoriquement bien entendu, payer dans ce cas la pomme de terre à son exploitation, on arrive aux résultats suivants :

			PRIX par 100 kilogr.	PRIX par hectare de 30 000 kilogr.
Alimentation à la pomme de terre.	cuite.	Moutons de 3 ans . . .	$8^f,20$	2 460 fr.
	cuite.	Moutons de 4 ans . . .	8 ,60	2 580
	crue.	Moutons de 3 et de 4 ans.	5 ,64	1 692

Ce sont là des prix singulièrement élevés, du moins dans les deux premiers cas. Sans doute, ils sont inférieurs à ceux auxquels aboutit en général l'alimentation des bœufs pris en condition normale, mais il faut considérer qu'avec les moutons, les risques sont habituellement moins grands qu'avec les bœufs ; ces prix sont tels cependant que les grands avantages résultant de l'application systématique de la pomme de terre cuite à l'alimentation des moutons s'en dégagent d'une façon éclatante.

Quant à l'infériorité de l'alimentation de la pomme de terre crue, constatée dès l'année dernière, elle est, cette année, confirmée avec tant de netteté qu'on la peut considérer comme démontrée.

CONCLUSIONS

La pomme de terre riche et à grand rendement, disais-je en terminant mon mémoire de 1893-1894, doit être dorénavant considérée comme un fourrage de premier ordre.

Il serait difficile de trouver de cette vérité une démonstration plus frappante que celle apportée par la deuxième application systématique que je viens d'en faire à l'alimentation des bœufs et des moutons.

Des bénéfices en argent qui, après 71 jours de cette application systématique, s'élèvent pour les bœufs à 130 fr. (charolais), à 135 fr. (durham-manceaux), à 226 fr. (limousins) par tête, qui pour les moutons, en 90 jours, atteignent 11 fr. 34 c. et 12 fr. 13 c., sont des bénéfices considérables et sur lesquels l'attention des agriculteurs ne peut manquer de se fixer.

Ces bénéfices, on n'en soupçonnait guère l'importance. Sans doute et depuis longtemps, en diverses régions, en Bourgogne notamment, dans le Nord-Est, etc..., on fait accidentellement intervenir la pomme de terre dans la ration des bœufs, des moutons et même des chevaux, mais cette intervention jusqu'ici avait été faite sans règle et sans mesure, au hasard des récoltes, et de ces applications sans méthode aucune notion précise ne s'était dégagée au sujet des avantages qui correspondent à l'emploi systématique de ce tubercule-fourrage.

Ces avantages sautent aux yeux aujourd'hui ; déjà, plusieurs agriculteurs distingués les ont compris, et les résultats obtenus au point de vue de l'augmentation du poids vif qu'ont fait connaître MM. Cormouls-Houlès (Tarn), Pluchet (Somme), Bénard (Seine-et-Marne), Garenne (Saône-et-Loire), etc., permettent d'affirmer que, dans la voie récemment ouverte, de nombreux agriculteurs vont nous suivre, mes collaborateurs et moi.

C'est une richesse nouvelle que ces résultats apportent à l'agriculture française ; c'est, pour les contrées fertiles où l'élevage et l'engraissement sont déjà en honneur, le moyen d'augmenter le nombre des animaux qu'on y prépare pour la boucherie ; c'est, pour les contrées pauvres où la culture des fourrages herbacés est difficile, où la pomme de terre prospère au contraire, le moyen d'entrer en lice et de concourir, avec un grand profit, à l'augmentation de la production de la viande dans notre pays.

Nancy, imp. Berger-Levrault et Cie.

www.ingramcontent.com/pod-product-compliance
Ingram Content Group UK Ltd.
Pitfield, Milton Keynes, MK11 3LW, UK
UKHW020253220726
13923UKWH00002B/912